藏诵读版

了凡四训全鉴

〔明〕袁黄◎著

余长保◎解译

扫一扫
免费赠送3种国学音频！

国家一级出版社　中国纺织出版社　全国百佳图书出版单位

内 容 提 要

　　《了凡四训》是明代袁了凡所作，作者以自己的亲身经历，讲述了改变命运的过程。虽文章篇幅短小，但是寓理内涵深刻，兼融儒释道三家思想，尽现真善美中华文化，所以数百年来历久不衰，为各界人士欣然传诵。本书适合于社会读者，为修身治世类教育书籍。

　　本书分别从"原文""注释""译文"三个方面，对《了凡四训》进行了全面细致、通俗易懂的解读，以便读者朋友们更好地学习和理解这部著作。

图书在版编目（CIP）数据

　　了凡四训全鉴：典藏诵读版 /（明）袁黄著；余长保解译 . —北京：中国纺织出版社，2018.9（2023.7重印）
　　ISBN 978 – 7 –5180 –5128 –1

　　Ⅰ.①了… Ⅱ.①袁… ②余… Ⅲ.①家庭道德—中国—明代②《了凡四训》—注释③《了凡四训》—译文 Ⅳ.①B823.1

　　中国版本图书馆 CIP 数据核字（2018）第 127054 号

策划编辑：段子君　　　　　　　　　责任印制：储志伟

中国纺织出版社出版发行
地址：北京市朝阳区百子湾东里 A407 号楼　邮政编码：100124
销售电话：010– 67004422　传真：010– 87155801
http：//www. c-textilep. com
E-mail：faxing@ c-textilep. com
中国纺织出版社天猫旗舰店
官方微博 http：//weibo. com/2119887771
北京华联印刷有限公司印刷　各地新华书店经销
2018 年 9 月第 1 版　2023 年 7 月第 5 次印刷
开本：710×1000　1/16　印张：20
字数：245 千字　定价：49.80 元

运命在天，立命在己

　　袁了凡，本名袁黄，是明朝时期江苏吴江人，有次他在慈云寺结识了一位孔姓老先生。孔老先生曾得到宋朝邵康节先生真传皇极数，所以精通命数推算。孔先生替袁了凡推算命里所注定的数，他说："在你没有取得功名做童生时，县考应该考第 14 名，府考应该考第 71 名，提学考应该考第 9 名。"到了第二年，袁了凡参加了三次考试，所考的名次果然和孔先生所推算的完全相符。

　　孔先生又替袁了凡推算一生的吉凶祸福，并断定他命中没有儿子。这些话袁了凡都一一记录下来，并且牢记在心中。从此以后，凡是碰到考试，所考名次先后以及官职升迁等等，无不一一应验孔先生的推算。袁了凡因此认为，何时生，何时死，何时得意，何时失意，都有个定数，一切都是天定的，没有办法改变。

　　后来袁了凡认识了云谷禅师，在云谷禅师点拨下，认识到一个人的命数其实是可以改变的。一个极善的人，尽管他命中注定吃苦，但是他做了极大的善事，这大善事的力量就可以变苦成乐，贫贱短命变成富贵长寿；而极恶的人，尽管他命中注定要享福，但是他如果做了极大的恶事，这大恶事的力量同样可以使福变成祸，富贵长寿变成为贫贱短命。所以，造恶就自然折福，修善就自然得福。从前各种诗书中所说的，原来都是的的确确、明明白白的道理。袁了凡原来号"学海"，但是自从那一天他明白了立命的道理，不愿意和凡夫一样，所以改叫"了凡"。他从以前的糊涂随便、无拘无束，变得小心谨慎、戒慎恭敬，即使是在暗室无人的地方，他也警醒自己不要做错事而获罪于天。碰到别人讨厌他、毁谤他，他也淡然处之，不与计较。

在他与云谷禅师见面的第2年，到礼部去考科举。孔先生为他算命，应该考第3名，哪知道居然考了第1名，孔先生的话开始不灵了。孔先生没算到他会考中举人，哪知道秋天乡试，他竟然考中了举人，这都不是他命里注定的。从此，袁了凡对自己要求更加严格，"勿以善小而不为，勿以恶小而为之"。努力自省改过，尽力修身积德行善。结果真是"断恶修善，灾消福来"。袁了凡于辛巳年有了儿子，取名叫天启。后高中进士，官至尚宝司卿。53岁那年也并无灾难，甚至连一点病痛都没有。享寿74岁。袁了凡写了4篇短文作家训，名"戒子文"，教戒他的儿子袁天启认识命运的真相，明辨善恶的标准，改过迁善的方法，以及行善积德谦虚种种的效验。并且以他自己改变命数的经验来"现身说法"，这就是后来广传于世的《了凡四训》。

生活中有很多人将自己的不幸归结为命运的不济，认为自己就是命运的弃儿。可是，那么多从不幸走向成功的人，他们的条件比你的条件更好吗？拿他们的成功与你的失败相较，你是不是更应该反省自己的得失，去改变自己？《了凡四训》告诉我们，个人的努力永远都占主导地位，你的努力永远决定着你的成就。

本书将纸质图书和配乐诵读音频完美结合，以二维码的方式在内文和封面等相应位置呈现，读者扫一扫即可欣赏、诵读经典片段。诵读音频由中国国际广播电台、中央人民广播电台专业播音员，以及中国传媒大学等知名高校播音系教师构成的实力精英团队录制完成，朗读中融进了对传统文件的理解，声音感染力极强。

解译者
2018年5月

目录

第一篇 立命之学

第二篇 改过之法

第三篇 积善之方

第四篇 谦德之效

第一篇 立命之学

　　"立命之学"是了凡第一训，了凡通过自身的经历告诉我们提升自我、改变人生的法门。让我们明白，自己才是命运的主宰，最坏的人生都可以通过努力去改变，好的命运都是通过拼搏获得的。

"余童年丧父……"

——做个有理想的人

【原典】

余童年丧父，老母命弃举业学医，谓可以养生，可以济①人，且习一艺以成名，尔父夙心②也。

【注释】

①济：救济。

②夙心：从前的、由来已久的心愿。

【译文】

我很小的时候父亲就过世了，母亲要我放弃读书，不要去考功名，改学医，并且说："学医可以赚钱养活生命，也可以济世救人。并且医术学得精，可以成为名医，这也是你父亲从前的心愿。"

☞主题阅读链接

可以说，"习艺以成名，尔父夙心"是了凡的理想。可见，了凡是有理想的。开篇说理想，也说明了凡重视理想的作用。

佛经上说："行道要如水，立志要如山。不如水，不能曲达；不如山，不能坚定。"对工作怀有积极态度的人，也往往是胸中有志的人。他们的理想可以大如一座山峰，迎向风雨、傲视霜雪而巍峨不倒；也可以小到如一株野草，嫩叶匍匐在尘埃，根脉却伸向大地。

　　每一个怀有积极态度的人，都有自己的理想，无论大小，无论清晰或者模糊，总有一个梦潜伏心底。梦想就像是沙滩上美丽的鹅卵石，陶冶着心灵，却烙痛了双脚，让人没有任何驻足的机会，只能起步飞扬，奔向梦想的远方。

　　佛教虽然讲究众生平等，但是根据一个人对理想的态度，也将人分为上根、中根、下根三种等级。他解释说：上根的人将人生理想奉为做事的准则，为理想而辛苦工作，甚至奉献牺牲。在上根的人眼里，梦想能否实现并不重要，重要的是在行走的路上为理想付出一切。中根的人认为理想过于虚幻，因此更愿意凭经验踏踏实实做事，而很少会提前为自己设定某种目标。下根的人，根据需要而生活，所以只会为了自己的需要而努力，只讲需要而不谈理想和经验，就如凭本能而生活的其他动物一般。

　　一个没有理想与抱负的人，便没有未来。人有了理想

之后，工作就不会觉得辛苦，吃点亏也不会去计较，生活中也会增加很多力量。

有一个佛家弟子，每天奔走在各个村庄之间，为人们传送佛法。

一天，他在山路上不小心摔倒了，不经意间发现脚下有一块奇特的石头，看着看着，他有些爱不释手，最后他把那块石头放进了布袋。

村民们看到他的布袋里还有一块沉重的石头，都感到很奇怪。

他取出那块石头晃了晃，得意地说："你们有谁见过这样美丽的石头？"

人们摇了摇头："这里到处都是这样的石头，你一辈子都捡不完的。"可是，他并没有因为大家的不理解而放弃自己的想法，反而想用这些奇特的石头建一座寺庙。

从此，他开始了另外一种全新的生活：白天，他一边传道一边捡这些奇形怪状的石头；到了晚上，他就琢磨用这些石头来建寺庙的问题。

所有的人都觉得他疯了，因为这几乎就是不可能的事。

二十多年以后，在他的住处出现了一座宏伟的寺庙。

一个有理想、有热情，对生活充满期待并肯为之付出努力的人，不仅能将自己的理想化为现实，就连石头也能在其感召下开始远行。

理想，可以引导一个人走上正途。所谓"哀莫大于心死"，一个人最悲哀的事情就是没有理想。一个没有希望的人，眼前将始终暗淡无光。就算猫狗，也希望有美好的三餐；就算花草，也希望朝露的滋润。何况万物之灵的人类，怎能没有崇高的理想呢？

有一位佛陀曾经说过：很难说世上有什么做不了的事，因为昨天的梦想可以是今天的希望，还可以是明天的现实。和了凡一样，理想是每个人生命中不可或缺的部分。没有泪水的人，他的眼睛是干涸的；没有梦想的人，他的世界是黑暗的。怀揣理想，人生也可轻舞飞扬。

"后余在慈云寺……"

——找到自己的贵人

【原典】

后余在慈云寺，遇一老者，修髯①伟貌，飘飘若仙，余敬礼之。

语余曰："子仕路中人也，明年即进学，何不读书？"

余告以故，并叩老者姓氏里居。

曰："吾姓孔，云南人也。得邵子皇极数正传，数该传汝②。"

余引之归，告母。

母曰："善待之。"

试其数，纤悉③皆验。

【注释】

①髯：泛指胡子。

②汝：人称代词"你"。

③纤悉：细微周到。

【译文】

后来我在慈云寺碰到了一位老人，相貌非凡，一脸长须，飘然若仙风道骨，我就很恭敬地向他行礼。

这位老人对我说："你是官场中的人，明年就可以去参加考试，进学官了，为何不读书呢？"

我就把母亲叫我放弃读书去学医的缘故告诉他，并且询问老人的姓名，是哪里人，家住何处。

老人回答我说："我姓孔，是云南人，得到宋朝邵康节先生所精通的皇极数的真传。照注定的数来讲，我应该把这个皇极数传给你。"

于是，我就领了这位老人回到家，并将情形告诉母亲。母亲要我好好地待他。并且说：这位先生既然精通命数的道理，就请他替你推算推算，试试看，究竟灵不灵。结果孔先生所推算的，虽然是很小的事情，但是都非常灵验。

☞主题阅读链接

母亲要了凡学医，但孔姓老人却让其读书从仕，了凡的人生或许就此改变。一般来说，人生的成功有三个基本要素：自我、机会、贵人。其中，自我是前提，机会是目标，贵人是关键，是自我把握机会的必经环节。诸葛亮之于刘备、关羽之于曹操、萧何之于刘邦和韩信……古今中外无数事实证明：与贵人的相遇可以作为机会来临的最大标志，生活中的任何成功都是"一半是自己，一半是贵人。"

胡雪岩自幼家境贫穷，从小就被迫外出谋生。在商贾云集的杭州信和钱庄当学徒。

一次，胡雪岩在一个酒馆，看见掌柜正在驱赶一个落魄书生，便上前探问原因。才知道落魄书生叫王有龄，其父亲是个候补道，临死前为儿子捐了一个"盐大使"的官衔。清代，捐官只是捐一个虚衔，凭一张吏部发给的"执照"取得某一类官员的资格。如果想补缺，必须进京打点吏部，称为"投供"，然后才能抽签分发到某一省去候补。王有龄无钱进京投供，所以没有机会补缺。

于是，胡雪岩当即掏出一张500两的银票放在了王有龄的手中，让他进京投供。后来，王有龄果然成为朝廷要员。在他的关照之下，胡雪岩不但还清了欠钱庄老板的500两银子，还很快地独立开店经营生意，并不断地将生意做大。

晚清时期，500两银子相当于人民币近10万元。对于一个店铺伙计而言，这些挪用的银子也许要用其半生的心血来偿还。然而，别人觉得是不可思议的事，胡雪岩却果敢地做了。目光远大的他用惊世骇俗的投资，为自己修筑了一条平步青云的商路。

人生在世，谁都希望结识一些能够呼风唤雨的贵人。但因大多数贵人身居要位，炙手可热，凡人要想结识他们简直难于上青天。因此，我们不妨换一种思路：攀不上贵人，我们可以培育自己的贵人，这样的贵人更能成为你事业的坚强后盾。

"余遂启读书之念……"
——人生需要有一份期盼

【原典】

余遂启读书之念，谋之表兄沈称，言："郁海谷先生，在沈友夫家开馆，我送汝寄学甚便。"余遂礼郁为师。

孔为余起数：县考童生①，当十四名；府考七十一名，提学考第九名。明年赴考，三处名数皆合。

复为卜终身休咎②，言：某年考第几名，某年当补廪，某年当贡，贡后某年，当选四川一大尹，在任三年半，即宜告归。五十三岁八月十四日丑时，当终于正寝，惜无子。余备录而谨记之。自此以后，凡遇考校③，其名数先后，皆不出孔公所悬定④者。

【注释】

①童生：没有考取秀才之前的读书人。

②休咎：吉凶，善恶。

③考校：考核，考察。

④悬定：预定、算定。

【译文】

我听了孔先生的话，就动了读书的念头，和我的表哥沈称商量。表哥说：

第一篇 立命之学

7

"我的好朋友郁海谷先生在沈友夫家里开馆，收学生读书。我送你去他那里寄宿读书，非常方便。"于是我便拜了郁海谷先生为老师。

孔先生有一次替我推算我命里所注定的命数，他说：在你没有做童生时，县考应该考第十四名，府考应该考第七十一名，提学考应该考第九名。到了第二年，果然三处所考的名次和孔先生推算的完全相符。

孔先生又替我推算终生的吉凶祸福。他说：哪一年考取第几名，哪一年应当补廪生，哪一年应当做贡生，等到贡生出贡后，在某一年，应当选为四川省的一个知县，在做知县的任上三年半后，便该辞职回家乡。到了五十三岁那年八月十四日的丑时，就应该寿终正寝，可惜你命中没有儿子。这些话我都一一记录下来，并记在心中。从此以后，凡是考试名次都不出孔先生预先所算定的名次。

☞**主题阅读链接**

鳏寡孤独往往会不思进取，只会坐吃山空，最后在贫困交加中老去。有儿有女的人，常常是勤劳不止，家业富有，老有所依。从某种角度看，子女是人的希望，所以两种人活出的是不同的景象。同样，既然了凡的命运已经一目了然，他也就失去了对人生的追求，不思进取。所以，没愿景的人生是多么可怕。

有没有希望，决定了人生活的状态。所以法国著名作家莫泊桑说过这样一句话："人是靠希望活着的，当旧的希望变成现实、或者消失了，就会有新的希望继续燃烧起来，如果一个人在生活中没有新陈代谢的希望存在，他的生命实际上也就失去任何意义了。"是的，只要心存希望，就会发生奇迹，就算希望渺茫，它也能让人的信念永存。

积极的心态是成功的源头和力量。假如一个人心死了，他也就失去了博取成功的动力。因此他说："……因为有了希望，凡事才有成功的可能；因为有了希望，你才会去拼搏。一旦有了希望，你的人生才会有目标，你才可以在它的指引下，坚持不懈，直到获得自己的成功。"

每天给自己一个希望，也就是给自己一个目标、一点信心、一点战胜自我的勇气。希望是成功的催化剂，是一种对未来的憧憬，是人生的活力之源。没有希望，人生就会像没有盐的饭菜一样，索然无味。这正如一位哲人所说的那样："在人的一生中，最重要的财富不是名利，也不是地位，而是那像火焰一般燃烧着的希望。"

有师徒两人都是盲人，以弹弦说书谋生。

徒弟整天唉声叹气，觉得自己一无是处，甚至失去了生活的勇气，无法学好手艺。

不久，师傅得了重病。临终前对徒弟说："有一张复明的药方，我把它藏在你的琴槽中，你弹断一千根时，你就能取出那个药方。但你记住，你必须是用心地弹断每一根琴弦，否则，药方就会没有效果。"说完，师傅就咽了气。

复明的药方？徒弟似乎看到了复明的希望。于是他牢记师傅的遗言，一直带着复明的希望努力地弹弦。

就这样，三十年过去了，徒弟近五十岁了，在他弹断第一千根琴弦后，他从琴槽中抠出药方。当他满怀期望地等着取回复明的灵药时，伙计告诉他，纸上什么也没有，那张药方只是一张白纸而已。

这时，徒弟明白了师傅的用心，原来，弹断一千根琴弦，他也就学到了手艺，有了手艺他就有了生存的工具。

不是吗？因为徒弟努力地说书弹弦，今天他已经成了知名艺人，受到了很多人的尊敬。

徒弟因为眼盲而对生活悲观失望，甚至失去活下去的勇气，是师傅给了他希望。可以说，正是这个希望才让他成为知名艺人。

一切都预测得那么准确，一切皆是定数，了凡自然没有了希望，所以变得颓废。人活在世上，没有希望，就像没有阳光、空气、水和食物一样。那么，希望到底是什么？希望是一张期盼，是生活中幽暗角落里的最耀眼的阳光，是一直守候在你身边的信念。有了它，就有了生活的方向和动力。

"独算余食廪米……"

————无所求造就平庸

【原典】

独算余食廪米①，九十一石五斗当出贡；及食米七十一石，屠宗师即批准补贡，余窃疑之。

后果为署印杨公所驳，直至丁卯年，殷秋溟宗师见余场中备卷，叹曰："五策，即五篇奏议也，岂可使博洽淹贯②之儒，老于窗下乎！"遂依县申文③准贡，连前食米计之，实九十一石五斗也。

余因此益信进退有命，迟速有时，淡然无求矣。

【注释】

①廪米：旧时发给廪生的粮食。

②博洽淹贯：指学识广博深通。博洽：学识广博。

③申文：行文呈报。

【译文】

唯独算我做廪生所应领的米，领到九十一石五斗的时候才能出贡。哪里知道当我吃到七十一石米的时候，学台屠宗师就批准我补了贡生。我私下开始怀疑孔先生所推算的有些不灵了。

后来果然被另外一位代理的学台杨宗师驳回，不准我补贡生。直到丁卯年，殷秋溟宗师看见我在考场中的'备选试卷'，替我可惜，并且慨叹道："这本卷子所作的五篇策，竟如同上给皇帝的奏折一样。像这样有大学问的读书人，怎么可以让他埋没到老呢？"于是他就吩咐县官，替我上公事到他那里，准我补了贡生。经过这番的波折，我又多吃了一段时间的廪米，算起来连前所吃的七十一石，恰好补足，总计是九十一石五斗。

我因为受到了这番波折，就更相信：一个人的进退功名浮沉，都是命中注定。而走运的迟或早，也都有一定的定数，所以一切都看得淡，不去追求了。

☞主题阅读链接

了凡相信：人生都是命中注定。而走运的迟或早，也都有一定的定数，所以一切都看得淡，不去追求了。可以看出，一个人若想获得成功，首先就要有获得成功的野心和欲望。而这一点恰恰是很多人所欠缺的，也是被许多人所忽视的。既然前途已定，所以了凡"淡然无求"。不想当将军的士兵不是好士兵。积极状态下的野心和欲望可以使一个人的力量发挥到极致，会在追求成功的道路上不断的进取，永不放弃。甚至可以逼得一个人献出一切去排除所有障碍，它们能使人全速前进而无后顾之忧。所以，我们应该保持着一种野心和欲望，让它成为我们前进的动力。

强大的野心和强烈的欲望可以使人发挥全部的力量，尽力而为就是自我超越，那比做得好还重要。当你有足够强烈的欲望去改变自己命运的时候，所有的困难、挫折、阻挠都会为你让路。欲望有多大，就能克服多大的困难，就能战胜多大的阻挠。你完全可以挖掘生命中巨大的能量，激发成功的欲望，

把欲望变成你成功的力量。

从某程度上说，有野心，就是有自己的目标，给自己定一个永远都够不到的目标。多少年后，自己会是以一个什么样的身份在社会上立足？也许离自己的目标还很远，还在继续着、努力着、奋斗着。到时就不仅仅是自己一个人的事情，其影响也不仅仅局限于自己这个小范围里，也有可能会影响你的下一代对待他们的目标和看法。也许奋斗的路程会受到更多的牵绊，但终究需要你自己的信心和勇气。因为你可能不会成为一个榜样，也可能会成为全家人的希望。所以看来似乎很重要，有的人的目标似乎很容易达到。当然，不同的人有不同的观点，不同的人其设立的目标也会有这样或那样的差别。这里想说的就是：给自己一个永远都够不到的目标。

或许有人会说，一个永远都够不到的目标，那不白定吗？到头来仍然达不到，这样的人生岂不可悲吗？其实不然。给自己定一个永远都达不到的目标，其本身听起来似乎很不现实，很虚幻，像是自欺欺人。可是，这样一来，你就会有永远要力求去实现的冲动和欲望。

人只要是处在积极的状态之中，那他做什么事情也比消极的人要强得多，并且积极的人给人的感觉很好。积极，似乎有传染能力，它能传染给接触它的人。因此会带动起一大批人，人多力量大，只要整个集体都具有这种积极向上的精神，还愁什么呢？

此外，定一个自己永远都够不到的目标，可以避免一个人在达到目标后就止步不前，满足于现状。

"贡入燕都……"

——先为自己描绘一张蓝图

【原典】

贡入燕都，留京一年，终日静坐①，不阅文字。己巳归，游南雍，未入监，先访云谷会禅师于栖霞山中，对坐一室，凡②三昼夜不瞑目。

【注释】

①静坐：打坐，儒佛道三家的修行方式。

②凡：总共。

【译文】

等我当选了贡生，按照规定，要到北京的国家大学去读书。所以我在京城里住了一年。那时候一天到晚静坐不动，不说话，也不转动念头，凡是文字一概不看。到了己巳年，回到南京的国家大学读书，在没有进国家大学以前，先到栖霞山去拜见云谷禅师，他是一位得道的高僧。我同禅师面对面坐在一间禅房里，三天三夜连眼睛都没有闭。

☞**主题阅读链接**

人生的大局已定，所以了凡"静坐不动，不说话，也不转动念头。"可见，了凡对自己的人生已经失去希望。

成功的人生需要为自己描绘一张蓝图，这是我们在这个过程必须的要求，其目的在于让你绘出一张未来远景。你所描绘的愿景必须是长期的、冒险的，而且多是由直觉所产生的。但是千万要记住这幅未来的景象一定要投射到真实的世界中。假如你要这幅景象发挥作用，它就必须可以达到，而且是你自己所感到满意的。这样一来，在未来的岁月中，它才会指引你前行。接下来的问题十分简单：从现在起的十年，你想做什么呢？一个为期十年的事业规划，必然会掺杂你的幻想。今日难知明日事，十年想不到的事情层出不穷，谁知道以后会发生什么事呢？

由于可能出现许多不能预料、未可预知的事，任何一幅"未来远景图"都可能不完全。但令人惊讶的是，却有那么多人实现了他们长远的目标。据不完全统计，约20%的人正在做他们十六岁以前决定的事。

正是这些貌似不可能实现的目标，激发了人自身潜在的能量，把无数不可能变成了可能。

"未来远景图"不仅是目前趋势的合理预测，它更需调和自己的价值观、信念和直觉，把可能性和心态做一个全新的组合。它不是不着边际的幻想，有效的"未来远景图"应是由实际可能的观念激发。

为什么这样说呢？"天生我才必有用"的意思一是指自己施展才能的机会是肯定存在的，另一方面则是指自己所从事的职业会与许多人有所差别。这种差别决定于自己的兴趣、爱好、特长、专业技术，有时则取决于表现情感的通道。但是，作为有主见、有意志的人来说，自己的选择才是最重要的，因为别人不可能代替你，只有你自己最了解自己擅长什么，适合于干什么。但是人们往往容易在遭受挫折后陷入自怨自艾的泥潭之中，对自我的否定和批判阻碍了对自身潜在能力的发掘。所以，一个人应保持乐观、积极的态度，要树立永不言败和绝不放弃的坚定信念，这个时候，对自身的反省和探讨显得尤其重要。人正是在自我反省和探讨的过程中，重整自我，开发出适合个人发展的事业模式。所以说个人在发展事业中的主导作用永远都不会改变，人才是事业发展的最初发起者和最终完成者。

毫无疑问，环境的变化对个人事业的发展具有突出的影响力，要么是促进事业的发展，要么是阻碍事业的发展。良好优越的环境是个人事业发展的温床，是达到美好理想的铺路石。一个向往事业成功的人必须要因环境的需要而采取适当的行动方案，要懂得审时度势，善于调动个人的主观决断力去改造环境，以更加有利于事业的成功。他必须坚信：环境能够服从并服务于自己，当环境与自己事业的发展融为一体、和谐一致的时候，也就是个人事业成功的时候。

"云谷问曰……"

——人要多一些自信

【原典】

云谷问曰："凡人所以不得作圣者，只为妄念①相缠耳。汝坐三日，不见起一妄念，何也？"

余曰："吾为孔先生算定，荣辱生死，皆有定数②，即要妄想，亦无可妄想。"

云谷笑曰："我待汝是豪杰，原来只是凡夫③。"

【注释】

①妄念：虚妄的意念，也指凡夫贪恋凡尘的心。

②定数：一定的气数，命运。

③凡夫：佛家用语，泛指普通人。

【译文】

云谷禅师问我说："一个人所以不能够成为圣人，只因为妄念在心中不断地缠来缠去。而你静坐三天，我不曾看见你起一个妄念，这是什么缘故呢？"

我说："我的命被孔先生算定了，何时生，何时死，得意失意都有个定数，没有办法改变。就是胡思乱想得到什么好处，也是白想；所以就老实不想，心里也就没有什么妄念了。"

云谷禅师笑道："我本来认为你是一个了不得的豪杰，哪里知道，你原来只是一个庸庸碌碌的凡夫俗子。"

☞主题阅读链接

"不见起一妄念。"云谷的意思是说了凡为什么没有太多的"想法"。用今天的话来说，我们不妨称之为"信心"。在云谷看来，没有信心，只能做凡夫俗子。

坚强的自信，便是伟大成功的源泉，不论才干大小，天资高低，成功都取决于坚定的自信力。相信能做成的事，一定能够成功。反之，不相信能做成的事，那就绝不会成功。

一个从未被他人所打败的人，打败他的恰恰是他自己。我们想要成就大事，就必须坚定地相信自己。

只要充满自信，就会精力充沛，豪情万丈，活得有滋有味。如果我们都觉得自己萎靡不振，一事无成，可以想象这种生活是一个什么样子。胸无大志，自认为是多余的人，甚至自暴自弃，破罐子破摔，这等于是精神自杀，这样的人怎么会有所成就呢？

在这个世界上，没有什么事情是不可以改变的，美好、快乐的事情会改变，痛苦、烦恼的事情也会改变。曾经以为不可改变的事，许多年后，人们就会发现，其实很多事情都已经改变了。而改变最多的，就是自己。不变的，只是小孩子美好天真的愿望罢了！心态是我们真正的主人，它能使我们成功，也能使我们失败。同一件事由具有两种不同心态的人去做，其结果可能截然不同。心态决定人的命运，不要因为我们的消极心态而使我们成为一个失败者。要知道，成功永远属于那些抱有积极心态并付诸行动的人。你不能左右天气，但你可以改变心情；你不能改变容貌，但你可以展现笑容；你不能控制他人，但你可以掌握自己！成功需要健康的心态，没有健康心态的成功早晚会出现漏洞，甚至会塌陷。如果我们想改变自己的世界、改变自己的命运，那么首先应该改变自己的心态。只要心态是正确的，我们的世界也会是光明的。改变心态才能改变命运，有良好的心态才会有幸福的人生！

在这个世界上，只有一个人可以改变和决定我们的命运，这个人就是我们自己，自己的命运掌握在自己的手里。

一次火灾事故中，消防队员从废墟中救出了一对孪生兄弟——王东和王乐。他们是此次火灾中仅存的两个人。

兄弟俩在这次火灾中被烧得面目全非。哥哥整天对着医生唉声叹气："自己变成了这个样子以后还怎么去见人，还怎么养活自己？与其赖活着，还不如死了算了。"弟弟努力地劝哥哥说："这次大火只有我们得救了，因此我们的生命尤为珍贵，我们的生活最有意义。"

兄弟俩出院后，哥哥还是忍受不了别人的讥讽，偷偷地服了安眠药离开了人世。而弟弟王乐却艰难地生存了下来，无论遇到冷嘲热讽还是艰难困苦，他都咬紧牙关挺了过来，每次他都暗自提醒自己："我的生命的价值比谁都高贵。"

有一天，王乐在雨中看到不远的一座桥上站着一个人。那个人要自杀，连续三次从桥上跳入河中都被王乐救了起来……

谁知，王乐这次救下的人是一位亿万富翁，这个富翁很感激王乐的救命之恩，就和他一起干起了事业……几年后王乐用自己挣来的钱做了整容手术。

在相同的境遇下，不同人会有不同的命运。一个人的命运不是由上天决定的，也不是由别人决定的，而是由自己决定的。在人生的历程之中，我们都难免遭到风吹雨打，但是，我们必须拥有抵抗风雨的勇气与能力。有时候，命运是故意要制造一些风风雨雨来考验我们。所以，我们随时都要有迎接命运考验的准备，并敢于向命运挑战。缺憾应当成为一种促使自己向上的激励机制，而不是一种宽恕和自甘沉沦的理由。

一个人要想改变自己的命运，最重要的是自信，要始终相信自己。自信是对自我能力和自我价值的一种肯定。在影响自己的诸要素中，自信是首要因素。有自信，才会有成功。

"问其故，曰……"

——不给自己设限

【原典】

问其故，曰："人未能无心①，终为阴阳所缚，安得无数②？但惟凡人有数；极善之人，数固拘他不定；极恶之人，数亦拘他不定。汝二十年来，被他算定，不曾转动一毫，岂非是凡夫？"

【注释】

①心：指妄想心。

②数：指天命。

【译文】

我听了之后不明白，便请问他此话怎讲？云谷禅师说道："一个平常人，不可能没有胡思乱想的那颗意识心；既然有这一颗一刻不停的妄心在，那就要被阴阳气数束缚了；既被阴阳气数束缚，怎么能说没有数呢？虽说数一定有，但是只有平常人才会被数所束缚住。若是一个极善的人，数就拘他不住了。（因为极善的人，尽管本来他的命数里注定吃苦，但是他做了极大的善事，这大善事的力量，就可以使他苦变成乐，贫贱短命，变成富贵长寿）而极恶的人，数也拘他不住。（因为极恶的人，尽管他注定要享福，如果做了恶事，就可以使福变成祸）你二十年来的命都被孔先生算定了，不曾把数转动一分一毫，反而被数把你给拘住了。一个人会被数拘住，难道不是凡夫吗？"

☞主题阅读链接

很多时候，一个人能不能成功取决于他如何看待自己。因为人们通常会按照自己的能力给自己匹配相应的目标和承担相应的工作，当他们遇见一个超出自己能力的工作时，往往会选择回避，很多人就这样自我设限，发挥不出应该有的优势。所以，大多数人之所以没有取得任何成就，不是因为他们没有优势，而是自己没有认识和发挥自己的优势，抑或是被习惯所掩盖、被惰性所消磨。

科学家做过一个有趣的实验：他们把一只跳蚤放在桌面上，一拍桌子跳蚤便迅即跳起，这时，跳蚤跳起的高度会是它身高的百倍以上。

接着，科学家将跳蚤放在一个玻璃罩中，再让它跳，由于玻璃罩高度有限，跳蚤碰到了玻璃罩就会落下来。在连续多次跳跃之后，科学家慢慢降低玻璃罩高度，跳蚤每次跳跃总保持在罩顶以下高度，随着玻璃罩的高度的改变，跳蚤也越跳越低，最后，当玻璃罩接近桌面时，跳蚤已无法再跳了。这时，科学家把玻璃罩打开，再拍桌子，跳蚤居然不会跳了。

跳蚤不会跳了，并非它已丧失了跳跃的能力，而是由于一次次受挫后自我设限的结果。很多时候，在我们的头顶上也有个无形的玻璃罩，它罩在了我们的潜意识里，罩在了我们的心灵上。优势被这个无形的玻璃罩扼杀，人们把这种现象叫做"自我设限"。

人一旦"自我设限"，就很难发挥自己的优势，更不用说突破自我。每个人都会有自己的优势，如果想发挥自己的优势，就不要被原有的境遇和习惯所束缚，否则，就会埋没了自己的优势，让自己成为一个平庸的人。一个人能发挥自己的优势，也会对自己有个积极的认定。

一个人所持有的观念常常影响他对优势的发挥，所以，对自我的客观认定和评价具有重要意义。可以说，对自己的认定有多积极，你发挥自己优势的能力就会有多大。相信自己，不要为自己设限，就能发挥出自己的优势。如果能把自己定位在一个相对较高的位置上，并愿意为此而努力，就能挣脱一些曾经自我设置的局限。

"余问曰……"

——福亦自己求

【原典】

余问曰："然则①数可逃乎？"

曰："命由我作，福自己求。诗书所称，的为明训②。我教典中说：'求富贵得富贵，求男女得男女，求长寿得长寿。'夫妄语乃释迦大戒，诸佛菩萨，岂诳语③欺人？"

【注释】

①然则：那么。

②的：的确。明训：明智的训诫。

③诳语：谎话，大话。

【译文】

我问云谷禅师："照你说来，这个数可以逃得过去吗？"

禅师说："命由我自己造，福由我自己求。从前各种诗书中所说，确实是好教训。我们佛经里说：'一个人要求富贵就得富贵，要求儿女就得儿女，要求长寿就得长寿。'只要做善事，命就拘他不住了。因为说谎是佛家的大戒，哪有佛、菩萨会乱说假话，欺骗人的呢？"

☞ **主题阅读链接**

在现实生活中，大部分人面对激烈的竞争时，常常显出措手不及的惊恐状，在他们的心里总是有着这样的想法："我能打倒他吗？""我比他有实力

吗?"等等。他们在面对强手时始终觉得自己是一个弱者,所以,随时都有可能被迫退出成功的舞台。

了凡告诉我们:"人往往沉迷于世间物欲,迷惑于世间的情感,把自己的真心水性蒙蔽了。现在我们要清除自己心灵上的尘埃、污秽,要涵养我们清净的心灵,如此才能把自我的潜能显现出来。"

人生的有些失败,是自己放弃的结果。放弃的原因,可能是缺乏自信,也可能是把问题看得过大,这些就是被星云大师称为"心灵上的尘埃、污秽",它让人发挥不出固有的能力,从而失去成功的机会。所以,星云大师积极提倡人要勇于面对现实,他说:"有的人常常慨叹世态炎凉,人情冷暖,觉得很难在社会上立足,觉得现实太残酷了。其实只要我们以一颗平常心处世,只要我们把自我潜能发挥出来,只要我们做好自我的价值评估,然后勇敢地面对现实,如何优游自在地生活,就看我们有没有信心,有没有勇气面对现实,面对问题。"

在这里，星云大师指出，对困难一方面要在心理上藐视，一方面要知道去奋斗，这样，一个人才能发挥出他真正的能力来。

某人在屋檐下躲雨，看见观音正撑伞走过。这人说："观音菩萨，普度一下众生吧，带我一段如何？"

观音说："我在雨里，你在檐下，而檐下无雨，你不需要我度。"这人立刻跳出檐下，站在雨中："现在我也在雨中了，该度我了吧？"观音说："你在雨中，我也在雨中，我不被淋，因为有伞；你被雨淋，因为无伞。所以不是我度自己，而是伞度我。你要想度，不必找我，请自找伞去！"说完便走了。

第二天，这人遇到了难事，便去寺庙里求观音。走进庙里，才发现观音的像前也有一个人在拜，那个人长得和观音一模一样，丝毫不差。这人问："你是观音吗？"

那人答道："我正是观音。"这人又问："那你为何还拜自己？"观音笑道："我也遇到了难事，但我知道，求人不如求己。"

是啊，凡事自立，是一种豁达的心态，是一种对待生活磨难的积极的人生态度，更是对自己的一种鞭策，对能力的一种超越。遇到困难时，你采取什么样的态度，也就决定了困难化解的程度。

求人不如求己，是首先把解决问题的基点放在自己身上。在遇到困难时，能够始终坚持理想的追求，不放弃、不抛弃，始终怀揣着一颗以抗争为幸福、把艰辛当欢乐、视厄运为挑战的旷达磊落的心灵。也就意味着当你独自面对困难时，你必将选择孤独、泪水、坚强、拼搏。

不经历风雨，怎么见彩虹？没有一种执著的精神，是永远也驶不到成功彼岸的。在面对困难时，能够静下心来三思而行，能够提出解决方法，这就是对自身能力的一种发掘和超越。

的确如此，在我们的生活当中，无论我们做什么事情，只要我们具备了这种自己拯救自己的精神，求人不如求己，那么我们就能激发自己的能量，从而活出最好的自己。

"余进曰……"
——凡事"求则得之"

【原典】

余进曰："孟子言:'求则得之',是求在我者也。道德仁义可以力求;功名富贵,如何求得?"

云谷曰："孟子之言不错,汝自错解耳。汝不见六祖说:'一切福田^①,不离方寸^②;从心而觅,感无不通。'求在我,不独得道德仁义,亦得功名富贵;内外双得,是求有益于得也。若不反躬内省^③,而徒向外驰求,则求之有道,而得之有命矣,内外双失,故无益。"

【注释】

①福田:佛教用语,指福分。

②方寸:指人的内心,情绪。

③内省:内心自我反省。

【译文】

我听了以后,心里还是不明白,又进一步问道:"孟子曾说:'凡是求起来,就可以得到的',这是说在我心里可以做得到的事情。若是不在我心里的事,那么怎能一定求得到呢?譬如说道德仁义,那全是在我心里的,我立志要做一个有道德仁义的人,自然我就成为一个道德仁义的人,这是我可以尽力去求的。若是功名富贵,那是不在我心里头的,是在我身外的,要别人肯给我,我才可以得到。倘若旁人不肯给我,我就没法子得到,那么我要怎样才可以求到呢?"

云谷禅师说:"孟子的话不错,但是你理解错了。你没看见六祖慧能大师说:'所有的福田,都决定在各人的心里。福离不开心,心外没有福田可寻,所以种福种祸,全在自己的内心。只要用心去寻求,没有得不到的。'要知道，求不求在于自己，若专心去求，不但能得到道德仁义，也可以得到功名富贵。内外双得，那才是有益的求。所以一个人若不能自己检讨反省，而只是盲目地向外面追求名利福寿，那么得到得不到，还是听天由命，自己毫无把握。这就合了孟子所说，求之有道，得之有命的两句话了。如果是这样，那就会把内心的道德仁义也失掉了，内外双失，所以乱求是毫无益处的。"

☞ 主题阅读链接

一个人一生会碰到很多的困难，或者是退让，或者是挺进，这两种不同的选择自然导致不同的结果。有些人有一股韧劲，对待自己认准的事，大胆而果敢地做下去，这叫"求则得之"。

敢于大胆去做的人常说："我总有机会。"而失败的人的借口是："我没有机会！"失败者常常说，他们之所以失败是因为缺少机会，是因为没有成功者垂青，好位置就只好让别人捷足先登，等不到他去竞争。

有眼力的人绝不会找这样的借口，他们不等待机会，也不向亲友们哀求，而是靠自己的努力去创造机会。他们深知，唯有自己才能给自己创造机会。

有不少人认为，机会是打开成功大门的钥匙，一旦有了机会，便能稳操胜券，走向成功。但事实并非如此。无论做什么事情，就是有了机会，也需要不懈的努力，这样才有成功的希望：坚持不一定成功，放弃一定失败！

上帝对待每个人其实都是很公平的，不会单独对某个人不好或者对某个人好，可为什么总是有一些人埋怨上天不眷顾他呢？道理很简单，就是当机会来临的时候，很多人总是以为那不是自己的，犹豫了，退缩了，结果与成功失之交臂，一辈子都是平平淡淡。

如果一个人做一件事情，总要等待机会，那是极危险的，一切努力和热望，都可能因等待机会而付诸东流，而机会最终也是不可得的。

有位马车夫赶着装满货物的马车在泥泞的道路上艰难地前进。一会儿，马车的两个后轮忽然陷入烂泥中，不管车夫怎样鞭打马儿，马车依然纹丝不动。

车夫也陷入了悲观当中。他无助地看着四周，心想：真希望有个人来帮帮我。想着想着，车夫想起了神话传说中的大力士阿喀琉斯。他喃喃地说："阿喀琉斯，求求你，来帮帮我吧。"

这个车夫就这样呆坐在地上，什么事情也不做，只是不断地对上天说："阿喀琉斯，来帮帮我吧，来帮帮我吧！"

过了很久，一阵狂风吹来，阿喀琉斯居然真的出现在车夫面前，车夫惊喜地说："啊，你终于来了。"一边说着，一边等着阿喀琉斯来帮助他。

但是，大力士却气愤地警告车夫："站起来，你这个懒惰的家伙！你自己把车轮顶到肩膀上努力往前走，我才愿意帮助你。可是如果你连一根指头都不肯动一动，只会坐在这里等，你就别指望我真的来帮助你。"

想想故事里的车夫，你是不是觉得他很可笑？可是我们也会在不知不觉中犯下和他同样的错误。在我们陷入困境的时候只会呼天抢地，期望着生命中的贵人会突然出现在我们面前，牵引我们向前走。可是，如果你自己都不愿意主动积极地面对生命中那些不可避免的困境，就算有人伸出手拉你一把，你也一样脱离不了困顿的日子。

机遇对每个人都是公平的。当机会来临的时候需要我们主动地伸出手去；当困境不期而至的时候需要我们积极地迎接它地挑战，并用自己的智慧和勇气去战胜它！困境是个欺软怕硬的东西，你强了它就弱了，你弱了它反而强了。所以，任何时候都不要坐以待毙，去博弈一把，这样才能改变自己的命运！

"因问……"

——不断反省，不断修正

【原典】

因问："孔公算①汝终身若何?"余以实告。云谷曰:"汝自揣应得科第否? 应生子否?"

余追省良久,曰:"不应也。科第中人,类有福相,余福薄,又不能积功累行,以基厚福;兼不耐烦剧,不能容人;时或以才智盖②人,直心直行,轻言妄谈。凡此皆薄福之相也,岂③宜科第哉?"

【注释】

①算:推测。

②盖:超过。

③岂:哪里能。

【译文】

云谷禅师再问我:"孔先生算你终身的命运如何?"

我就把孔先生算我,某年考得如何,某年有官做,几岁就要死的话详细地告诉他。

云谷禅师说:"你自己想想,你应该考得功名吗? 应该有儿子吗?"

我反省过去所作所为,想了很久才说:"我不应该考得功名,也不应该有儿子。因为有功名的人,大多有福相,我的相薄,所以福也薄;又不能积功德积善行,成立厚福的根基;并且我不能忍耐担当琐碎繁重的事情。别人有些不对的地方,也不能包容。因为我的性情急躁,肚量窄小。有时候我还自尊自大,凭借自己的才干、智力去欺压别人。心里想怎样就怎样做,随便乱谈乱讲。像这样种种举动，都是薄福的相，怎么能考得功名呢？"

👉 主题阅读链接

"静坐常思自己过"不失为一句最好的处世格言。南怀瑾说过："要知道'静坐常思自己过'是一种反思的功夫，也就是自我批评的本领。倘若有错且不能自省，别人是无法劝谏的，事情便会朝着更糟的方向发展。假如我们能够时常静下心来，思考一下自己做事或待人方面是否有亏缺的地方，自然就会少些对别人的抱怨与指责了。"

现实中很多人想有一个完美的自己，但就是找不到途径。这里，了凡给我们拿出了一个完善自我的办法——反省。可以说，反省不仅仅是完善自己的方法，更能滋生成就自己的巨大力量。一个懂得反省的人，能给自己带来巨大的改变，活出一个全新的自己。

古人讲："人非圣贤，孰能无过。过而改之，善莫大焉。"人生中，难免会犯错误，走弯

路，但更重要的是，人一定要懂得反省自己，这样才能知错就改，成就完美人生。佛陀说："如果你想了解幸福的真义，就必须经常如此反省。"故而南怀瑾告诫人们："幸福从忏悔起步，从持戒下手。"

反省对人生产生的巨大作用，不仅佛门与俗世有共识，而且中西方的人都在践行中。

明朝的徐溥在年轻时，性格张扬无比，处处咄咄逼人。他也意识到自己的人生出现了严重的问题，但不知道自己究竟问题出在哪里。有一天，他父亲的一位好友实在看不下去了，就把他唤到面前，对他规劝道：

"你是个聪明的孩子，有些道理难道你不懂吗？你常常不肯尊重他人意见，凡事都自以为是，你看看结果是多么的糟糕：人家受了你几次这种难堪后，就没有人愿意再听你那一味矜夸的言论了。所有人都远避于你，免得受你的冤枉气。老实说，你所掌握的东西还有限得很，而你身边的人很多都比你水平高，你的轻狂自大只能让别人看到你的无知。"

徐溥听后，满脸羞愧，一下子发觉了自己过去的错误，从此，他决定痛改前非。

徐溥在求学期间，为了不断检点自己的言行，在书桌上放了两个瓶子，每当自己做了一件坏事，说了一句坏话，就在一个瓶子里放一粒黑豆，做了好事就在另一个瓶子里放一粒黄豆。凭着这种持久的约束，不断修炼自我，终于成为一代名臣。

徐溥用攒豆的方法激励自己，看似简单，但能持之以恒，实属不易。任何人在成长中都难免有这样或那样的缺点和错误，重要的是对待缺点和不足的态度。有了错误必须有所觉悟，然后图以改之，才能走上光明之路。若是有错而不思悔改，或者口是心非地改正，那只能在错误的道路上越走越远。所以，人只有了解了自己的缺点，正视了不足，才能不断地发现自我，挑战自我，完善自我。沿着这样的方式去做人，就会快速完善自己，成为很多人喜欢乃至爱戴的人。

"地之秽者多生物……"
——心有多大福有多大

【原典】

"地之秽者多生物，水之清者常无鱼；余好洁①，宜无子者一；

和气能育万物，余善怒，宜无子者二；

爱为生生之本，忍为不育之根；余矜惜②名节，常不能舍己救人，宜无子者三；

多言耗气，宜无子者四；

喜饮铄精，宜无子者五；

好彻夜长坐，而不知葆元毓神③，宜无子者六。其余过恶尚多，不能悉数。"

云谷曰："岂惟科第哉。世间享千金之产者，定是千金人物；享百金之产者，定是百金人物；应饿死者，定是饿死人物；天不过因材而笃，几曾加纤毫意思。即如④生子，有百世之德者，定有百世子孙保之；有十世之德者，定有十世子孙保之；有三世二世之德者，定有三世二世子孙保之；其斩焉无后者，德至薄也。"

【注释】

①洁：干净。

②矜惜：爱惜。

③葆元毓神：保养元气精神。

④即如：就像。

【译文】

喜欢干净，本是好事，但是不可过分，过分就成怪脾气了。所以说越是不清洁的地方，越会多生出东西来。相反的，水太清了反而不会有鱼。我过分地喜欢清洁，就变得不近人情，这是我没有儿子的第一个缘故。

天地间，要靠温和的日光，和风细雨的滋润，才能生长万物。我常常生气发火，没有一点和育之气，这是我没有儿子的第二个缘故。

仁爱，是生命的根本，若是心怀残忍，没有慈悲，就像果子一样，没有果仁，怎么会长出果树呢？所以说，残忍是不会生养的根。我只知道爱惜自己的名节，不肯牺牲自己去成全别人，积些功德，这是我没有儿子的第三个缘故。

说话太多容易伤气，我又多话，伤了气，因此身体很不好，这是我没有儿子的第四个缘故。

人全靠精气神三种才能活命，我爱喝酒，酒又容易消散精神，这是我没有儿子的第五个缘故。

一个人白天不该睡觉，晚上又不该不睡觉。我常喜欢整夜长坐，不肯睡，不晓得保养元气精神，这是我没有儿子的第六个缘故。其他还有许多过失，说也说不完呢！"

云谷禅师说："岂止是功名不应该得到，这个世上能够拥有千金产业

的，一定是享有千金福报的人；能够拥有百金产业的，一定是享有百金福报的人；应该饿死的，一定是应该受饿死报应的人。上天不过是就他本来的质地上加重一些罢了，并没有丝毫别的意思。

积德行善就像生儿子，一个人，积了一百代的功德，就一定有一百代的子孙来保住他的福；积了十代的功德，就一定有十代的子孙来保住他的福；积了三代或者两代的功德，就一定有三代或者两代的子孙来保住他的福；至于那些只享了一代的福，到了下一代就绝后的人，那是他功德极薄的缘故。"

☞ **主题阅读链接**

古语说："种瓜得瓜，种豆得豆。"佛语有云："种下什么因，就得什么果。"一切皆有因缘果报。帮助了别人，就能够得到别人的帮助；而伤害了别人，也许某一天会受到同样的伤害。利人便是利己，若只想到自己，自私自利，永远都只局限在自我的框架内，活在无尽的冲突之中。若能将价值观改为利人为先，不但会拥有许多朋友，更会得到大家的帮助。

"汝今既知非……"
——人一定要学会爱惜自己

【原典】

"汝今既知非。将向来不发科第，及不生子之相，尽情改刷①；务要积德，务要包荒②，务要和爱，务要惜精神。"

【注释】

①刷：洗刷干净。

②包荒：对人包容。

【译文】

"你既然知道自己的短处，那就应该把你一向不能得到功名，和没有儿子的种种福薄之相，尽心尽力改得干干净净。做人一定要积德，一定要包容，一定要对人和气慈悲，而且要爱惜自己的精神。"

☞ **主题阅读链接**

在这里，云谷要求了凡做到"积德，慈悲，包容，爱惜自己"，这和当下人对自我修养的要点是一致的。

在这四项中，"爱惜自己"是最难的。因为我们常常会听到这样的话："这是我的事，和你有什么关系？"很多人会这样理直气壮地去反驳关心他的人，让人无言以对。

一个人往往会扮演多种角色，是人儿子或女儿，是人父亲或是母亲，是人兄弟或是姐妹，于是，你就不全是自己的，而是你父亲和母亲、儿子和女儿、兄弟和姐妹生命的一部分。你痛苦，他们就会心疼；你远离他们，他们可能就会失去依靠；你离世了，所有的人都会为你伤心。所以，每个生命都会关系到很多人的苦与乐。

现实中，很多人意识不到这点，他们不知道珍惜自己的生命。要是无视生命的珍贵，最后只能彻底摧残自己。

索达吉堪布在日记中记叙了这样一件事：

刚听到一噩耗，一位名叫桑及让波的熟人不幸去世。今天，他的尸体已被送至学院。

他长得个头高大，相貌英俊，时常喜欢跨上骏马，腰佩长刀，在草原上策马驰骋，擅长与人打架斗殴，并以此自矜。

不久前在多芒寺时曾见过他，记得当时我说："你带着这么长的刀有什么用呢？没有刀挺好的。"他十分不以为然，没想到那一次竟是诀别。

几天前，因为一些鸡毛蒜皮的小事，他与别人发生争执，被对方捅了一刀，他只来得及说了一声："你杀了我！"便口吐鲜血，不到三分钟便断了气，一个血气方刚的生命就这样结束了。锋利的刀刃刺透了他的胸腔，猩红的鲜血溅满了绿色的草地，亲人的哭声震撼了凌霄。当公安局的警车赶到时，凶手早已策马逃逸。当他的弟弟听说哥哥被杀的消息后，怒不可遏地烧毁了凶手家的帐篷。

让一件小事毁了自己，桑及让波的死是多么没有价值。不仅如此，他弟弟还因他犯下过错，毁了自己不说，还连累了亲人。堪布后来为此叹道："人的生命，珍贵胜黄金，短暂如水泡。不知珍惜这难得的人身，贪着亲人，瞋恨仇敌，无端地造作恶业。真是可怜之极！"索达吉堪布在为桑及让波不懂得珍惜自己的生命而感到遗憾。

所以，在生活中，不要吸烟，更不要吸毒；不要酗酒，更不要酒后驾车；不要与人打斗，更不要与人拔刀相向……为自己，更为他人，抛弃生活中种种摧残生命的行为。懂得珍惜自己，让生命活出应有的价值。索达吉堪布

常常会思考自己生命价值的取向，他这样问自己："这个世界上几乎人人都在下种种赌注，而人们的赌资则都是自己的生命，但生命属于现世的个体只有一次。故而每个人都应该考虑考虑，我拿生命赌什么呢？"

我们要常常问问自己：做一件事，一定要先衡量一下值不值，不能枉费了自己。要是发现错了，一定要及时改正自己。这样，才能真正做到珍惜自己，才能改变自己的人生。

"从前种种……"
——忘掉过去才快乐

【原典】

"从前种种，譬如昨日死；从后种种，譬如今日生；此义理①再生之身。"

【注释】

①义理：义理道德。

【译文】

"从前的一切，譬如昨日已经死了；以后的一切，譬如今日刚刚出生；能够做到这样，就是你重新再生了一个义理道德的生命了。"

☞**主题阅读链接**

人的本性中有一种叫做记忆的东西，美好的容易记着，不好的则更容易记着，所以大多数人都会觉得自己不是很快乐。那些觉得自己很快乐的人是因为他们恰恰把快乐的记着，而把不快乐的忘记了。很多人把这种忘记的能力看成一种宽容，一种心胸的博大。的确，生活中，常常会有许多事让我们心里难受。那些不快的记忆常常让我们觉得如鲠在喉。

人有记忆的本领，是上苍对人类的馈赠，同时也是一种惩罚。记忆，对心胸宽阔的人来说是最好的礼物，而对心胸狭窄的人来说则是对自己的惩罚。人生中要经历许多事情，要相识相交许多人，而心灵像极了一个筛子，在世事沧桑颠沛变换之中，会遗漏许多人。对于智者来说，他们忘记的是别人的不足和过错，而他们记住的却是别人的好和善，这样，他们过的将是一种快乐的生活。

谭恩美是美籍华裔女作家，她的作品生动感人，温婉的语言每每触及读者的灵魂。可是，没有人相信，在谭恩美 16 岁的时候，她曾用充满仇恨的话语喊道："我恨你！我恨不得你死掉……"而站在她面前的是她母亲。

在谭恩美的记忆中，少年时与母亲的争吵似乎一直在持续着，每次争吵之后，母亲都会露出一个近乎疯狂的扭曲微笑，然后在喘息中大声嚷道："好啊！我也许是该死掉，这样我就不用当你妈妈了！"然后在接下来的日子里，以冷战相对，冷战结束后，依然是争吵。

最让少年谭恩美受不了的，是母亲经常在别人面前批评、羞辱她，禁止她做某些事情，哪怕谭恩美有充足的理由。母亲不要理由，只会批评，这让谭恩美暗自发誓：永远不忘记这些委屈！要让自己的心硬起来，像母亲那样！

30 年后，谭恩美意外地接到了母亲的一通电话，这让她惊讶万分，因为母亲患上老年痴呆症已经三年多了，她忘记了许多人、许多事，甚至无法讲出连贯的话语。

但话筒那边确实是母亲焦急的声音："恩美！我的脑子出问题了！"恩美屏住了呼吸。

"我觉得很多事我都记不得了，昨天我做了什么？对你做了什么？我不记得很久以前到底发生过什么事……"母亲说话的时候好像一个溺水的人，挣扎着，却发现自己越陷越深。

"你不要担心！"恩美终于能说出话了。

"不！我知道我做过一些伤害你的事情！"母亲狂乱地叫起来。

谭恩美马上回答："你没有，真的，别担心。"

"我真的想不起来了！但我知道，我做过一些可怕的事情……我只想告诉你……我希望你能像我一样把它忘掉。"

"真的没有，别担心。"谭恩美只能重复这几个字，因为她哽咽着，她不想让母亲听出来。

"真的吗？"母亲平静了一些，"好吧，我只是想让你知道。"

挂上电话，谭恩美大声哭了出来，既伤心，又幸福。

6个月后，母亲故去了。她及时把最能抚慰人的话留给了女儿，好似拨开云雾后那开阔、湛蓝的天空。"遗忘掉仇恨和痛苦，铭记住亲情与关怀，这才是人生最重要的。"谭恩美在母亲的葬礼上如是说。

人生中的有些事，往往让我们越是想，越会觉得难受，那就不如选择把心放得宽阔一点，选择忘记那些不快的记忆，这是对自己的宽容。

忘记成功，你便能从零开始，迈开今天前进的步伐；忘记失败，你便能充满信心，勇敢地面对未来的挑战；忘记怨恨，你便能摆脱报复的阴影，化干戈为玉帛，心平气和地善待他人，与朋友重结秦晋之好；忘记痛苦，你便能摆脱纠缠，让身心沉浸在悠闲无虑的宁静里；忘记遗忘，你便能放下包袱，轻装上阵；忘记给予，你便能抛弃回报的期待，变得宽容；忘记名利，你便能知足常乐，活得更加潇洒。

"夫血肉之身……"

——勿以恶小而为之

【原典】

"夫血肉之身，尚然①有数；义理之身，岂不能格天。

《太甲》曰：'天作孽②，犹可违；自作孽，不可活。'

《诗》云："永言配命③，自求多福。""

【注释】

①尚然：尚且。

②作孽：降给你的灾害。

③配命：配合天命。

【译文】

"我们这个血肉之躯，尚且还有一定的数；而义理的、道德的生命，哪有不能感动上天的道理？

《尚书·太甲》说：'上天降给你的灾害，或者可以避开；而自己若是作了孽，就要受到报应，不能愉快心安地活在世间了。'

《诗经》上讲：'永远配合天命行事，很多福报，不用求，自然就会有了。'因此，求祸求福，全在自己。"

☞ 主题阅读链接

在了凡看来，因为没有作孽，所以"很多福报，不用求，自然就会有了。"这是有德的结果。所以，多善是"立命"的关键之一。

三国时刘备在白帝城临终托孤时，仍不忘谆谆告诫刘禅："勿以善小而不为，勿以恶小而为之"，刘备一世枭雄，留下的名言不多，唯有这句话流传千古，而且给后人永久的启示：奉劝人们不要因为某个坏习惯不起眼就不重视，这句话看似比较浅显，但却蕴含着很深的哲理。它告诉我们在日常生活中要从善去恶，以免因小失大。

白居易为官时曾去拜访鸟窠道林禅师，他看见禅师端坐在鹊巢边，于是说："禅师住在树上，太危险了！"

禅师回答说："太守，你的处境才非常危险！"

白居易听了不以为然地说："下官是当朝重要官员，有什么危险呢？"

禅师说："薪火相交，纵性不停，怎能说不危险呢？"禅师意思是说官场浮沉，勾心斗角，危险就在眼前。

白居易似乎有些领悟，转个话题又问道："如何是佛法大意？"

禅师回答道："诸恶莫作，众善奉行。"

白居易听了，以为禅师会开示自己深奥的道理，没想到只是如此平常的话，便失望地说：

"这是三岁孩儿也知道的道理呀！"

禅师说："三岁孩儿虽道得，八十老翁却行不得。"

所以，不要看谁都知道"勿以善小而不为，勿以恶小而为之"这个道理，但能够做到的人却很少。

商纣王刚登上王位时，请工匠用象牙为他制作筷子，他的叔父箕子十分担忧。因为他认为，一旦使用了稀有昂贵的象牙做筷子，与之相配套的杯盘碗盏就会换成用犀牛角、美玉石打磨出的精美器皿。餐具一旦换成了象牙筷子和玉石盘碗，就千方百计地享用牛、象、豹之类的胎儿等山珍美味了。在尽情享受美味佳肴之时，一定不会再去穿粗布缝制

的衣裳，住在低矮潮湿的茅屋下，而必然会换成一套又一套的绫罗绸缎，并且住进高堂广厦之中。

箕子害怕演变下去必定会带来一个悲惨的结局，所以他从纣王一开始制作象牙筷子起，就感到莫名的恐惧。事情的发展果然不出箕子所料。仅仅只过了5年光景，纣王就穷奢极欲、荒淫无度地度日。他的王宫内挂满了各种各样的兽肉，多得像一片肉林；厨房内添置了专门用来烤肉的铜烙；后园内酿酒后剩下的酒糟堆积如山，而盛放美酒的酒池竟大得可以划船。纣王的腐败行径苦了老百姓，更将一个国家搞得乌七八糟，最终被周武王剿灭。

古人说"千里之堤，溃于蚁穴"，如果对小的贪欲不能及时自觉并且有效地修正，终将因为无底的私欲酿成灾难，小则身败名裂，大则招致亡国。我们要时常依照好的准则来检点自身的言行和思想，从善如流，否则等出现不良后果再深深痛悔都已太晚！

东汉和帝即位后，窦太后专权。她的哥哥窦宪官居大将军，任用窦家兄弟为文武大臣，掌握着国家的军政大权。看到这种现象，许多大臣心里很着急，都为汉室江山捏了把汗。大臣丁鸿就是其中的一个。丁鸿很有学问，对经书极有研究，对窦太后的专权他十分气愤，决心为国除掉这一祸根。几年后，天上发生日食，丁鸿就借这个当时认为不祥的征兆，上书皇帝，指出窦家权势对于国家的危害，建议迅速改变这种现象。和帝本来早已有这种感觉和打算，于是迅速撤了窦宪的官，窦宪和他的兄弟们因此而自杀。

丁鸿在给和帝的上书中说，皇帝如果亲手整顿政治，应在事故开始萌芽时候就注意防止，这样才可以消除隐患，使得国家能够长治久安。

人之善恶不分轻重。一点善是善，只要做了，就能给人以温暖。一点恶是恶，只要做了，也能给人以损害。而最重要的是对自己的道德品质的影响。所以，生活中的我们须谨言慎行，从一点一滴之间要求自己，做到为善。只有这样，我们才不至于在人生的沟沟坎坎中马失前蹄，断送我们本该美好的前途。

"孔先生算汝不登科第……"

——命运可以改变

【原典】

"孔先生算汝不登科第，不生子者，此天作之孽，犹可得而违；汝今扩充德性，力行善事，多积阴德，此自己所作之福也，安得而不受享乎?

《易》为君子谋，趋吉避凶；若言天命有常①，吉何可趋②，凶何可避?开章第一义，便说：'积善之家，必有余庆③。'汝信得及④否?"

余信其言，拜而受教。因将往日之罪，佛前尽情发露，为疏⑤一通，先求登科；誓行善事三千条，以报天地祖宗之德。

【注释】

①常：长久，经久不变。

②趋：追求，追逐。

③积善之家，必有余庆：积德行善之家，必定会恩泽及于子孙后代。

④信得及：能够相信。

⑤疏：奏章的一种，有使下情向上传达、上下疏通之义。本意指文章，这里用作动词，即写文章。

【译文】

"孔先生算你不得功名，命中无子，虽然说是上天注定，但是还是可以改变。你只要将本来就有的道德天性扩充起来，尽量多做一些善事，多积一些阴德，这是你自己所造的福，别人要抢也抢不去，哪有可能享受不到呢?

《易经》上也有为一些宅心仁厚、有道德的人打算，要往吉祥的那一方去，要避开凶险的人，凶险的事，凶险的地方。如果说命运是不能改变的，那么吉祥又何处可以得到，凶险又如何能避免呢？《易经》开头第一章就说：'经常行善的家庭，必定会有多余的福报，传给子孙。'这个道理，你真的能够相信吗？"

我相信云谷禅师的话，并且向他拜谢，接受他的教诲；同时把从前所做的错事，所犯的罪恶，不论大小轻重，到佛前去，全部说出来，并且做了一篇文字，先祈求能得到功名；还发誓要做三千件善事，来报答天地祖先给我的大恩大德。

☞主题阅读链接

《易经》也叫《周易》，它是我国古代的一部哲学书籍，是我国现存最古老的一部关于占卜的书籍。传说中《易经》所包含的内容是由伏羲氏和周文王共同总结和概括出来的，司马迁就曾经有"文王拘而演周易"这样的话。

《易经》这部书本是讲述天道运行的书籍，记载着一些对未来的事态发展预测的理论，包含着十分深刻的哲理，可以根据书中的内容推算出过去和未来的所有的事件，让人们能够懂得天道运行的规律，使人们可以根据天道的规律去做事情。从古至今研究《易经》的人也是很多的，毕竟这是一部关于天道运行规律的书籍，天又是人们内心中最神秘的存在。

《易经》是讲述天道运行规律的书籍，所以《易经》也可以说成是君子安身立命所要依托的典籍。为什么这么说呢？因为这部书中包含着一个很重要的道理或者说是教人们一个很重要的东西，那就是趋吉避凶。

趋吉避凶，这句话不论是古代人还是现代人都经常说。古代的人经常会去一些寺庙里面求一些所谓的平安符的东西来保佑自己或者家人的平安；现代人则会去商场买个辟邪的物件带在身上。人们总是以为这样就叫做"趋吉避凶"了，其实不然，如果所谓的趋吉避凶真的是这么简单就可以做到的话，那么每个人都在身上戴上十个八个平安符什么的，这辈子不就可以高枕无忧了，还奋斗什么？《易经》中所说的趋吉避凶，其实是教导人们命运是可以改变的，或者说是教导人们改善命运的方法。想要趋吉避凶，就一定要懂得最正确的方法。其实这个方法也很简单，那就是无论做什么事情都要符合天道。不管多么富贵，多么有钱有地位，如果不懂得天道的话，就永远不会知道趋吉避凶的方法。

《易经》开篇的第一句话就是"积善之家，必有余庆；积不善之家，必有余殃"。其实这就是天道的规律。只要一心向善，必然有多余的喜庆，也必然会有福气的降临；一心向恶，必然有多余的灾变，也必然会有祸患的到来。《尚书》中说："惠迪吉，从逆凶，惟影响"，这句话是大禹说的，意思是顺应天道而行，就会吉祥；违逆天道而为，必然凶险。这如同影之随形，响之应声一样。

云谷禅师的话对了凡先生产生了巨大的影响，了凡先生听到了云谷禅师的改命理论，如同醍醐灌顶一般，他相信了云谷禅师，发现自己前二十年就是活在了错误之中。

了凡先生对云谷禅师的信任，其实是产生出了一种信仰。所以，了凡先生接下来所做的事情就是改变。当然，所谓的改变也不是一朝一夕就可以做到的，他先是对云谷禅师表示了感谢，这表示出了他对云谷禅师的尊敬。

"云谷出功过格示余……"

——功过需记录

【原典】

云谷出功过格①示余，令所行之事，逐日登记；善则记数，恶则退除，且教持准提咒②，以期必验。

【注释】

①功过格：泛指用分数来表现行为善恶程度、使行善戒恶得到具体指导的一类善书。

②准提咒：又称佛母准提神咒，是"十小咒"之一。

【译文】

云谷禅师听我立誓要做三千件善事，就拿了功过格给我看。叫我照着功过格所订的方法去做，所做的事，不论是善是恶，每天都要记在功过格上，善的事情就记在功格下面，恶的事情就记在过格下面。不过做了恶事，还要看恶事的大小，把已经记的功来减除。并且还教我念准提咒，更加上了一重佛的力量，希望我所求的事能实现。

☞主题阅读链接

了凡先生为了改变自己那不好的命运，当着云谷禅师的面做了几件事情，其中就包括他发了一个誓，说是要在以后的日子里做上三千件善事。为了防止了凡先生用不正确的方法去做事，或者说半途而废，云谷禅师就想出了一个办法，那就是记录功过格。

功过格是一种修行的参考模式，用这种方法有助于人们修炼自身。其实功过格最早出现应该是在道教，道教的道士们平时需要自己记载自己的善恶功德，而功过格就是道士记载这些东西时所用的簿册。从中我们可以看出来，这个所谓的功过格应该分为两个部分，或者说是应该分为两本，即专门记载功德善行的功格和专门记载恶行的过格。

那么道教中的道士为什么要记录这些东西呢？因为他们都属于修真之士，他们认为"修真之士，应该自记功过，自知功过多寡。功者多得福，过者多得咎"。其实这就是道士自我约束言行、积德行善的修养方法。另外，《抱朴子》中记载："人欲地仙，当立三百善；欲天仙，立千两百善；若有千一百九十九善，而忽复中行一恶，则前善尽失，乃当复更起善数矣。故善不在大，恶不在小也。"所以说，功过格其实是为了能够提醒修真之人要多做善事，同时也是防

止他们忘记做了多少善事，让他们有目标，更是为了防止他们去作恶。通过功过格修真之士能够知道自己一天、一月或者是一年的功过得失。后来，功过格流传到民间，很多修身养性的人或是积德行善的家庭也都开始用这个法宝。

每天反省自己，然后把善事记在功格上，用正数来表示；把恶事记在过格上，用负数来表示，这样就知道自己一天的功与过了。千万不能小看了功过格，他对勉励人改过从善具有莫大之功。长期坚持下去，必然就会像《弟子规》中所说的一样，"德日进，过日少"，渐而变成纯善无恶，达到儒家所说的"至善"的境界，这是不可思议的功德。

了凡先生发誓说要做足三千件善事，所以云谷禅师就向他展示了功过格，其实为的就是要了凡先生按照功过格的方法去修行，同时也是为了不让了凡先生忘记自己的誓言。同时，云谷禅师也是希望了凡先生能根据自己在功过格中所记录的东西，每天都能够去自我反省，明白自己的对错，明白天道的规律，这样才能够真正地做到改变命运。

　　为了能够帮助了凡先生实现他改变命运的想法，云谷禅师不光是传授了他功过格，还交给了了凡先生另一个法宝，那就是被佛教列为十小咒之一的准提咒。准提咒是佛教的一个重要咒语，在寺庙内，每天早上，僧人们上早课的时候都要读诵它。佛教的咒语都是没有任何的功利性的，准提咒也是一样，诵读它只是可以恢复清净的心态，达到心无妄念的境界。

　　要改变命运，首先就要做到内心清净，没有妄念，所以多诵念准提咒对他有好处。另外，根据佛经的记载，念诵准提咒的功德很大，可以消除罪恶，所求如意，所以不管是僧人还是在家居士，自古以来持诵的人非常多。佛教咒语中，很多咒语都具有灭罪和所求如意的功用，了凡先生想要改变命运，就是因为他以前的罪恶太多，功德太少，所以也应该多诵读一下准提咒，这样对于他改变命运有很大的帮助。

"语余曰：……"

——心无妄念才能安身立命

【原典】

　　语余曰："符箓（lù）家有云：'不会书符，被鬼神笑。'此有秘传，只是不动念也。执笔①书符，先把万缘放下，一尘不起。从此念头不动处，下一点，谓之混沌开基。由此而一笔挥成，更无思虑，此符便灵。"

　　凡祈②天立命，都要从无思无虑处感格。

【注释】

①执笔：拿笔。

②祈：祷告。

【译文】

云谷禅师又对我说:"有一种画符箓的专家曾说:'一个人如果不会画符,是会被鬼神耻笑的。'画符有一种秘密的方法传下来,只是不动念头罢了。当执笔画符的时候,不但不可以有不正的念头,就是正当的念头,也要一齐放下。把心打扫得干干净净,没有一丝杂念,因为有了一丝的念头,心就不清净了。到了念头不动,用笔在纸上点一点,这一点就叫混沌开基,因为完整的一道符,都是从这一点开始画起,所以这一点是符的根基所在。从这一点开始一直到画完整个符,若没起一些别的念头,那么这道符就很灵验。"

凡是祷告上天,或者是改变命运,都要从没有妄念上去下功夫,这样才能感动上天。

☞主题阅读链接

云在天空,水在瓶中,都是事物的本来面貌,没有什么特别的地方。站在佛教徒的立场,领会事物的本质,悟见自己的本来面目,像青天的白云一样,自由自在,也就达到一种做人的境界了。这也是一种顺其自然、没有分别矫饰、不加强求的心态,是超越染净对待自然生活、清净自性心的全然显现。

李翱非常钦佩惟严禅师的禅道,做朗州刺史时,曾多次邀请惟严禅师下山参禅论道,但都被惟严拒绝了,所以李翱决定亲自去拜见惟严禅师。

李翱去拜见禅师的那天,非常巧的遇见禅师正在山边树下看经书,但禅师却毫无起迎之意。随从提醒惟严说:"太守已等候您多时了。"惟严禅师只当没听见,只是闭目养神。

李翱是一个急性子的人,看到禅师这种冷漠的态度,忍不住怒声斥道:"真是见面不如闻名!"说完便拂袖欲去。

惟严禅师这时候才慢慢睁开眼睛,缓缓地说:"太守为何相信远的耳朵,而轻视近的眼睛呢?"

李翱听了大惊,忙转身拱手谢罪,并请教什么是"戒定慧"。

"戒定慧"是北宗神秀倡导的渐修形式，即先戒而后定，再由定生慧。但惟严禅师是石头希迁禅师的法嗣，属于惠能的南宗，讲究的不是渐修，而是顿悟法门。因此惟严禅师回答说："我这里没有这种闲着无用的家具！"

李翱听后丈二和尚摸不着头脑，只得换一个话题问道："大师贵姓？"

惟严禅师说："正是这个时候。"

李翱更弄不明白了。这时，站在一旁的寺院总管悄悄对李翱说："禅师姓韩，韩者寒也。时下正是冬天，可不是'韩'吗？"

惟严禅师听到后哈哈大笑，说道："胡说八道，若是他夏天来也如此问答，难道我姓'热'吗？"

气氛顿时轻松多了。

他又问禅师什么是禅道。惟严禅师用手指指天，又指指地，然后问他："理会了吗？"

李翱摇摇头说："没有。"

这时，突然一道阳光射了下来，正巧照见瓶中的净水，李翱不禁随口念了一偈：

"炼得身形似鹤形，千株松下两函经。我来问道元余说，云在青天水在瓶。"

不知李翱是否领会了惟严说的禅机，总之，这首诗最后成了千古绝唱。

"拥有一颗清净心，是幸福之源泉。"难道不是吗？

我们整天为纷繁复杂的人际关系所左右，为身外之物所烦扰，为名位所刺激，我们的心怎么静呢？烦恼自然时刻也不会远离我们。

曾经有多少人感叹：难得有几天清静的日子。工作太忙了、事情太多了、应酬太多了，妨碍了清净心。如何在繁忙的生活中，一直保持清净心，我们的身体在劳碌，但心地依旧清净，一尘不染，这就是定力。《维摩诘经·佛国品》上说："随其心境，则佛土净。"清净心生智慧，纯善的心生福德，福里就有寿。纯净的心，智慧圆满；纯善的行为，福德圆满。高度智慧从禅定中来，所以佛法的修学是修定。在净土法门就是修清净心。八万四千法门、无量法门，都是修清净心的方法。

生活要能事事如意、不受外界干扰，实在很不容易！既然人世间有这么多不如意的环境要面对，不如先自我净化，让内心的世界清净，这也就是修心要下的功夫。

生活愈简单愈健康，要做到心地清净，一尘不染，淡泊名利，养清净心。这是我们在日常生活中必须要学习的。

"孟子论立命之学……"

——心无二念，世界就无差别

【原典】

"孟子论立命之学，而曰：'夭①寿不贰②。'夫夭寿③，至贰者也。当其不动念时，孰为夭，孰为寿？

细分之，丰④歉⑤不贰，然后可立贫富之命。"

【注释】

①夭：这里是早死的意思。夭的本意是草木茂盛美丽。

②不贰：没有差异。

③夭寿：这里指短寿和长寿。

④丰：丰盈。

⑤歉：亏损。

【译文】

"孟子讲立命的道理说道：'短命和长寿没有分别。'乍听之下会觉得奇怪，因为短命和长寿相反，而且完全不同，怎么说是一样呢？要晓得在一个妄念都完全没有时，就如同婴儿在胎胞里面的时候，哪晓得短命和长寿的分别呢？

如果把立命这两个字细分来讲，那么富有和贫穷要看得没有两样，能够这样才可以把本来穷苦的命改变成发达的命，本来发达的命就会更加发达了。"

☞**主题阅读链接**

这里，云谷禅师提到了一个观点，那就是"短命和长寿其实是一样的"。这个说法看上去难以理解，短命和长寿怎么可能是一样的呢？

普通人认为长寿好，短命不好，而圣人们认为长寿和短命是一样的。为什么会出现这样的差别呢？就是因为在普通人的心里产生了妄念，产生了区别的心，所以长寿和短命自然就有了区别；而圣人们的心里没有妄念，什么东西都是一样的，所以说长寿和短命就是一样的。

其实这里面主要的问题就只有一个，那就是一个人的心里到底有没有妄念。如果有妄念的话，就会在乎很多东西，就要被这些东西所拖累，就要为了这些东西去奋斗甚至是做出一些不理智、不符合常理的行为。反过来，如果内心没有妄念的话，那么面对什么东西都是一样的，面对任何事情任何东西的时候都有一颗平常心，什么都不去妄想，那么自然就能符合天命，自然就会有一个好的命运。比如说，当一个人心里没有妄念的时候，丰盈和贫乏就没有差别了，所以贫穷和富贵都是一样的；而当一个人心里没有妄念的时候，穷困与显达就没有差别了，所以这个时候尊贵和贫贱就都是一样的了。

这句话并不是云谷禅师第一个说的，第一个说这样的话的人其实是孟子，这句话出自《孟子·尽心上》，原话是这样说的："夭寿不贰，修身以俊之，所以立命也。"其中"夭寿不贰"的意思就是说短命和长寿没有什么区别。当然了，在这段中云谷禅师也明确说明了这句话是孟子说的。孟子是儒家先贤，在儒家中最接近于孔子的人，甚至可以和孔子并称为儒家的两大圣人。这句话是孟子在阐述他自己的立命之学的观点时说的。

孟子的这种说法是代表儒家思想的，或者说这其实就是对前人思想的总结，然后融入自己的思想之中。在孟子看来，人应该保持本心，培养自己的本性，不产生任何的妄念，这样就会发现什么事情都没有什么区别，这样才是正确地对待天命。既然没有了妄念，什么事情都没有差别，那么短命和长寿当然就是一样的了。而孟子的立命之学中最重要的一点就是没有妄念。一旦产生了妄念，各种各样的事情在内心中产生了差异，那么就不能顺应天命，也就谈不上立命了，其实这就是普通人的心态。

"穷通不贰……"

——改变命运需要修身

【原典】

"穷通①不贰，然后可立贵贱之命；夭寿不贰，然后可立生死之命。人生世间，惟死生为重，曰夭寿，则一切顺逆皆该之矣。

至修②身③以俟之，乃积德祈天之事。曰修，则身有过恶④，皆当治⑤而去

之；曰俟，则一毫觊觎⑥，一毫将迎，皆当斩绝之矣。到此地位，直造先天之境，即此便是实学⑦。"

【注释】

①穷通：穷困与显达。

②修：修正。

③身：包括心和言语。

④过恶：错误，罪恶。

⑤治：对治，这里指用方法对治。

⑥觊觎：这里指希望善报、善果早点到来。

⑦实学：真正的学问。

【译文】

要把穷困显达看得没什么不同，才能立富贵贫贱之命；要把短命和长寿看得没有什么不同，然后才能立生死的命。人们活在这个世界上，只有生死是最重要、最基本的，谈到短命与长寿，那么一个人所有的顺境和逆境都应该包含在里面了。

自己要时时刻刻修养德行，不要做半点罪恶的事情。至于改变命运，那是自己积德祈求上天的事情。说到修，如果自己的身、语、意三业有罪恶，都应该用正确的方法改正；讲到俟，如果有一丝一毫的非分之想，都要完全把它斩掉断绝。如果做到了这种地步，便是直接达到了自己本身不动妄念的境界，这才是真正的学问。

☞主题阅读链接

这段话中又引用了孟子的话，那就是"夭寿不贰"。云谷禅师认为，只要把短命和长寿看得没有什么不同，看得一样，那么这个人就能够看破生死了。而当一个人真正能够看破生死的时候，那么对于世间其他的东西就更不会有什么留恋和在意的了。在这个世间什么都不在意的结果一定是心中再也没有妄念产生，这样的人的一生一定是非常顺利的。

为什么这么说呢？因为一个人活在这个世界上，对于这个人而言最重要的东西就是生和死，只要看破了生和死，就一定能够用最平常的心态来面对生活和享受生活了。

当然了，每个人都恐惧死亡，人们会尽量地远离有危险的地方，因此很少有人会经历过生死的瞬间。所以说现代的人想要达到看破生死的程度就只有自己去领悟、自己去做了，毕竟人的命运是掌握在自己手中的。只要努力下去，放下心里的包袱，早晚会达到这个程度的。只有这样，才能真正地体会到生活的乐趣；也只有这样，才能够真正地改变自己的命运。

命运是决定在自己手中的，要想改变自己的命运就只能靠自己的努力，这个观点是完全正确的，没有任何的异议。但是，不论做任何事情，都不可能一蹴而就；不论做什么样的事情，想要达到一个完美的结果，或者说是能够让自己满意的结果，都需要一个过程。改变命运也是一样，人不可能说想改变命运就能够立刻改变命运，而是需要一个改变命运的过程，也就是一个积德行善的过程。这个过程可能是漫长的，因此人们要勤勉谨慎地修正自己的言行，同时也要有一颗淡泊名利、耐得住寂寞的心，这样才能够等待到命运改变的时刻。

改变命运需要一个过程，既然是个过程，总是要做些什么，就要有一定的规划。对于这一点云谷禅师有他自己的观点，他认为在这个改变命运的过程中必须"修身以俟之"，就是要人们在改变自己的同时等待命运的变化。其实这里面的重点有两个，一个是"修"，另一个就是"俟"。

修，其实就是修正的意思，修身也就是改变自身的错误。根据自己的错误或者过失对症下药，把所有的错误和过失像祛除疾病一样除去，自身所有经过长期积累而养成的坏习惯也一样要摒弃和改变。佛教认为，人们由于受到了社会环境或者是其他因素的影响，产生了很多人的天性中不存在的东西，比如说一些坏的习惯、一些妄念。由于妄念的产生，会导致人们去做很多恶行或者说是有罪孽的行为，当人们在积累了无数的罪行之后，就相当于自己把自己推向了深渊。也正是因为这样的原因，人们才需要修身，需要改正自身的错误，需要斩断恶缘、行善积德和自我救赎。只有不断地修身，最后才能够广积善缘、广种善因、厚积善果。其实这就是一个量的积累，也就是量变的过程。

"汝未能无心……"

——改变命运靠自己

【原典】

"汝未能无心，但能持①准提咒，无记无数，不令间断，持得纯熟②，于持中不持，于不持中持。到得念头不动，则灵验矣。"

余初③号学海，是日④改号了凡；盖悟立命之说，而不欲落凡夫窠臼⑤也。

【注释】

①持：念诵。

②纯熟：熟练。

③初：开始。

④是日：此日，这一天。

⑤窠臼：这里比喻陈旧的格调，原意是旧式门上承受转轴的臼形小坑。

【译文】

"你不能做到不动心的地步，但你如果能够念诵准提咒，不要去记或数自己念的遍数，也不要间断。念到非常熟练的时候，口里在念，自己却不觉得自己在念；在没有念的时候，心里不自觉地还在念。等念咒达到心里没有什么杂念的程度，那么你所念的咒，就会灵验了。"

我刚开始的号为学海，这一天就改号为了凡。是因为我明白了立命的道理，不想再与凡夫的陈旧思想一样。

☞主题阅读链接

为了让了凡先生能够达到做三千件善事，改变自己命运的目的，为了使得了凡先生能够达到心无杂念、心无妄念的境界，云谷禅师教会了了凡先生念准提咒。在这段中，云谷禅师又一次着重强调了准提咒的作用，并且十分详细地介绍了到底应该怎么样去诵念准提咒。了凡明白了立命的道理：人生要靠自己。

有人说，有好父母就会有好前程；也有人说，嫁个好人家就会幸福；还有人说，有个当官的亲戚人生就会很成功……很显然，这些人是将自己的人生寄托在别人身上。其实，人生的一切不能靠别人，只能靠自己。俗话说：靠天靠地不如靠自己。自己的道路自己走，只有自己为自己奋斗，才能为自己创造美满的人生。

小刘和妻子先后都失业了。但是为了生活，他们夫妻俩每天仍努力地找工作，可晚上回到家时，只能是望着彼此摇头，不停地叹气。

小刘的父亲曾经是个拳击冠军，但如今他年老力衰，病卧在床了。

有一天，父亲的精神很好，他将满脸愁容的小刘叫到床前，对他说了自己在某次赛事的经历。

了凡四训全鉴
典藏诵读版

在一次拳击冠军对抗赛中，他遇到了一个比自己高大的对手。因为自己是个矮个子，一直无法对对方有效的反击，反而差点被对方击倒，连牙齿也被打掉了一颗。

休息时，教练鼓励他说："忍住，你一定能打到第12局！"

听了教练的鼓励，他也说："我不会怕，我应付得了！"

于是，在场上，虽然自己一直没有有效的反攻机会，但他也没有被对手彻底打倒。他跌倒了又爬起来，爬起来后又被对手打倒，一直坚持到了第12局。

就在第12局最后十几秒钟，可能是力气消耗得太多，对方的手开始发颤了。他抓住这最好的反攻时机，倾全力给了对手一个反击，只见对手应声倒下，他因此获得了拳击生涯中的第一个冠军。

说话间，因病痛苦的父亲额上全是汗珠，他紧握着儿子的手，吃力地笑着："没关系，我应付得了。"

小刘含着泪说："放心，我们也一定能应付过去。"

从此以后，小刘不再愁容满面。白天，他出去找工作，晚上就和家人开心地聚在一起。不久，小刘夫妇都找到了满意的工作。很快，一家人又回到了宁静、幸福的生活中。

后来，每当家人遇到困难的时候，小刘总会想到父亲说的那段话，他会告诉家里的每一个人，甚至是他遇到的每一个生活艰苦的人，那便是在困境中要告诉自己"我一定能应付得过去"。

人生在世，好的命运要依靠自己去创造和改变。尤其在巨浪滔天的困境中，我们应随时赋予改变命运的力量，不断地告诉自己："我一定能应付过去。"这样，你才能收获满意的人生。当我们有了一份靠自己改变命运的坚定信念，困难便会在不知不觉中慢慢远离，生活自然会回到风和日丽的宁静当中。学会依靠自己，你就会走出人生的低谷，摆在你面前的，将是一片湛蓝的天！

"从此而后……"

——谁说这辈子只能这样

【原典】

从此而后，终日兢兢①，便觉与前不同。前日只是悠悠放任，到此自有战兢惕厉景象，在暗室屋漏中，常恐得罪天地鬼神；遇人憎我毁我，自能恬然容受。

到明年礼部考科举，孔先生算该第三，忽考第一；其言不验，而秋闱中式矣。

然行义未纯，检身多误；或见善而行之不勇，或救人而心常自疑；或身勉为善，而口有过言；或醒时操持②，而醉后放逸；以过折功，日常虚度。

自己巳岁发愿③，直至己卯岁，历十余年，而三千善行始完。时方从李渐庵入关，未及回向④。庚辰南还。始请性空、慧空诸上人⑤，就东塔禅堂回向。遂起求子愿，亦许行三千善事。辛巳，生男天启。

余行一事，随以笔记；汝母不能书，每行一事，辄用鹅毛管，印一朱圈于历日之上。或施食⑥贫人，或买放生命，一日有多至十余者。至癸未八月，三千之数已满。复请性空辈，就家庭回向。

【注释】

①兢兢：谨慎小心。

②操持：保持操守。

③发愿：发起誓愿之意。

④回向：回向，是佛教修学过程当中，非常重要的一种修行功夫。

⑤上人：指持戒严格并精于佛学的僧侣。

⑥施食：施舍食物。

【译文】

从此以后，我整天小心谨慎，觉得和从前的行为方式大不相同。以前是无拘无束地放任自己，现在心里会自觉地小心谨慎，谨慎恭敬地拜佛。即便是在昏暗的屋子里或是没有人的地方，也常常担心自己对天地鬼神不恭敬。遇到别人讨厌我、诽谤我的时候，也能够安然地接受。

第二年我去礼部考科举，依照孔先生为我推算的，我应该考第三名，结果竟然考了第一名，他的预言不灵验了。并且在秋天乡试中，我考中了举人。

然而我做好事的目的并不单纯，自己反省后，仍然有很多失误。有时候对于该做的好事，行为不够勇敢；有时候救济别人，心里仍然有疑虑；有时候做善事，但嘴里却说了不该说的话；清醒的时候还能保持操守，但喝醉了酒后却又放纵自己。用自己的过失来折算自己的功劳，功过相抵，日子算是虚度了。

从己巳年向云谷禅师发誓要做三千件善事，一直到乙卯年，经过了十多年，才把三千件善事做完。那时我刚和李渐庵从关外回来，还没来得及把所做的三千件善事回向。到了庚辰年，我从北京回到了南方，才请了性空、慧空两位佛学大师，去东塔禅堂完成了回向的心愿。于是我心里又起了求子的心愿，也同样发誓做三千件善事。到了辛巳年，果然得了一个男孩，取名叫天启。

我每做一件善事，都随时用笔记录下来；你母亲不会写字，每做一件善事，就用鹅毛管印一个红圈在日历上。有时候送食物给穷人，有时候买活的小动物放生，每天所做的善事最多可达十几件。像这样到了癸未年的八月，发誓做的三千件善事已经做完。又请了性空和尚等，到家里做回向。

👉主题阅读链接

很多人为了一些虚无缥缈的身外之物，掩藏自己的个性，整日说着违心的话，虚伪的活着，做着自己极不情愿的事情，最后弄得自己身心疲惫。

很多人总是看着别人生活，却忘掉了自己。他们总希望有一天能成为别人的样子，希望得到别人所拥有的一切，所以他们苦恼。其实这样的人更加悲哀，因为他们永远成为不了别人。

一个富人和一个农民相遇了。富人对农民健康的体魄羡慕不已，农民对富人的财富更是赞不绝口。于是他们找到了佛祖，请求佛祖让他们互换身份，佛祖满足了他们的愿望。于是富人得到了农民的健康，农民得到了富人的财富。

富人得到了健康，心想可以高高兴兴地游山玩水了。但没有钱，他必须赚钱。他有健康的身体，加之头脑聪明，从小生意做起，越做越大，很快又成为富人。成为富人以后，再也没有时间出去游山玩水了，而且整天忧心忡忡，放心不下自己的生意。时间久了，富人的身体每况愈下，又变成了以前那个渴望健康的富人。

农民获得了富人的财富后，先是山珍海味大吃一通，不久就厌倦了，而且农民有病在身，胃口变得越来越差。另外农民不知道怎么做生意，无法把富人的财富变成更多的财富。这样农民把富人的钱用光后，反倒安下心来，又回去种田了。每日早出晚归，无忧无虑，身体渐渐地强壮起来，又变成了以前那个农民了。

一天富人和农民又相遇了，富人无不羡慕地说："你的身体强壮得可以打死一头老虎！"

农民也无不羡慕地说："你的一顿吃掉了我一个月的工钱啊！"

说完，富人和农民哈哈大笑起来。

富人仍然是富人，农民仍然是农民，我们永远不可能成为别人，我们的努力是徒劳的，每个人都有每个人的活法。我们无法选择长相，无法选择出身，但我们可以选择自己喜欢的生活。

没有鲜花、没有掌声、没有万贯家产，这些都不可怕，因为我们还可以做自己，还可以快乐。最可怕的是迷失自我，迷失了本性，只会人云亦云，不知道自己在做什么，想做什么，为什么要做。没有能力不可怕，可怕的是盲目，富人和农民盲目地迷恋对方所拥有的东西，最终还是一无所获。

我们要对自己的理想有决断力，学会按照自己内心的指示去做事。只要我们把注意力集中到一点上，就像让阳光通过凸透镜聚焦在一点，直至让物体燃烧。你可不要小瞧这小小的亮点，他能让我们展示出愿望和理想的光辉，甚至，会让困难变成我们前进的动力。

世上有许多人，你用什么词来描绘他都行，例如是一种职业，一个身份，一个角色，唯独不见了他自己。如果一个人总是依照别人的意见生活，总是毫无主见地忙碌，不去独立思考问题，不关注自己的内心世界，那么，说他不是他自己也一点儿没有冤枉他。因为在他的身上我们找不到一样真正属于他自己的东西，他只是别人的一个影子和事务的一架机器而已。

"九月十三日……"

——善事其实很好

【原典】

九月十三日，复起求中进士愿，许行善事一万条，丙戌登第，授①宝坻知县。

余置②空格一册，名曰治心篇。晨起坐堂，家人携付③门役，置案上，所行善恶，纤悉必记。夜则设桌于庭，效赵阅道焚香告帝。

汝母见所行不多，辄颦蹙④曰："我前在家，相助为善，故三千之数得完；今许一万，衙中无事可行，何时得圆满乎？"夜间偶梦见一神人，余言善事难完之故。神曰："只减粮一节，万行俱⑤完矣。"

【注释】

①授：给，与。

②置：放，摆，搁。

③付：交给，托付。

④颦蹙：皱着眉头，形容忧愁的样子。

⑤俱：都。

【译文】

到那年的九月十三日，我心里又有了做进士的愿望，发誓做一万件善事。到了丙戌年，果然中了进士，后来便做了宝坻县的知县。

我准备了一个空白的小册子，起名叫"治心篇"。每天早晨在公堂审案的时候，就让家人把这本册子交给看门的衙役，让他们放在办公桌上。把我所做的善事和恶事，无论是多么小的事情，全都记在上面。每天晚上便在庭院中摆了桌子，效仿宋朝的铁面御史赵阅道，焚香祷告天帝。

你母亲看到我所做的善事不多，皱着眉头说："我以前在家，帮着你做善事，所以你许下做三千件善事的心愿才能尽快做完。如今你许了做一万件善事，衙门中又没什么善事可做，什么时候才能圆满呢？"我晚上睡觉，偶然梦见一位仙人，就将一万件善事难以做完的原因告诉了他，仙人说："仅仅你当知县降低百姓钱粮这件事，就抵得上你做一万件善事了。"

☞ 主题阅读链接

正当了凡先生为了现在的自己没有办法完成那一万件善事而忧心忡忡的时候，马上就有人来告诉他解决那一万件善事的办法了，或者说是有神来帮助他解决了。那就是了凡先生偶然梦见一位仙人，于是他就将一万件善事难以做完的原因告诉了那个神仙，神仙说，仅仅你当知县后

减免百姓钱粮这件事，就抵得上你做一万件善事了。

每个人都做过梦，在梦中也会发生各种各样的事情，甚至有些时候人在白天想着什么东西的时候，在夜晚睡觉的时候就会梦到，更有甚者已经到了分不清梦境和现实的地步了。那么这些究竟是什么原因造成的呢？其实梦境是一种很奇怪的东西，很多时候他都能给人们带来哲学上的思考。就像有人分不清梦境和现实一样，当人梦到自己怎样怎样的时候，究竟梦境和现实中的哪个才是真正的自己？如果梦都是虚无缥缈的，为什么有时候会显示得如此真实？为什么现实中很多做不到的事情在梦境中都能够做得到？这些都值得人们仔细地思考和研究。其实梦就是一个人现实生活的反映。

或许有人会说，了凡先生居然能够梦到神，而且神还告诉他解决那一万件善事的方法，这样的事情值得相信吗？梦里所见到的东西真的能够相信吗？梦境有时候确实是现实生活的反映，所以梦境中的事情是可以相信的，当然前提是做梦的这个人内心是坦坦荡荡、光明磊落的。如果是一个小心眼的人，恐怕是连人都不会相信的，就更不要说是梦了。

了凡先生是一个积极地去改变自己命运的人，是接受了云谷禅师立命之说的人，是一个能够全心全意地去做善事的人，所以他能够梦到神仙的这个说法是可信的。其实这里面存在着一个儒家关于"天人感应"的说法。董仲舒这个人相信大家都知道，就是向汉武帝提出"罢黜百家，独尊儒术"的那个人。他在自己写的《春秋繁露》中就阐述了"天人感应"的思想和道理，意思就是说人和天是能够相互感应的。人们向来都认为董仲舒的学说只是为封建统治者提供了一个统治人民的工具，但是事实上却并不是这样。我们中国人向来讲"天人合一"，如果不去效仿天道行事，那如何"合一"？效法天道，按照天道规律行事，那天和人就合在一起了，天也是人，人也是天，人和天合二为一。能够做到天人合一的程度，自然就会有天人感应的出现。

做善事符合天心，这就是天道规律。坚持去做，上天就一定会知道的。了凡先生能够按照天道的要求和规律去做善事，所以他能够在做善事遇到困难的时候梦见神仙并受到启发。

"盖宝坻之田……"
——有真心，就不必在意善事的多少

【原典】

盖宝坻之田，每亩二分三厘七毫。余为区处，减至一分四厘六毫，委①有此事，心颇惊疑②。适③幻余禅师自五台来，余以梦告之，且问此事宜信否？师曰："善心真切，即一行可当万善，况合④县减粮，万民受福乎？"吾即捐俸银⑤，请其就五台山斋僧⑥一万而回向之。

【注释】

①委：确实。

②惊疑：惊讶疑惑。

③适：恰好。

④合：全。

⑤俸银：支付官员俸禄的银两。

⑥斋僧：设斋食供养僧众。

【译文】

我所管辖宝坻县的田地，每亩本来要收银两分三厘七毫，我把当地百姓每亩田应缴的钱粮，减到了一分四厘六毫，确实有这件事，但心里还是觉得十分惊讶和疑惑。恰好幻余禅师从五台山来到宝坻，我就把所做的梦告诉了他，并且问幻余禅师这个梦是否可以相信。幻余禅师说："只要你做善事的心是真诚恳切的，那么一件善事就可以抵得上一万件善事。况且你减轻全县百姓的钱粮，全县的农民都受到你减税的恩惠，百万人民因你而获福。"我当即捐出我所得的俸银，请幻余禅师帮我在五台山上设斋食，供养僧众一万人，

并把斋僧的功德回向。

☞**主题阅读链接**

　　了凡先生到达宝坻县上任之后却发现，宝坻县的百姓们生活得并不是很好，因为宝坻县的田赋很重。在了凡先生之前的前任宝坻县的知县，定的收取田赋的标准是每亩田两分三厘七毫，这就使得百姓们的生活变得十分困难。了凡先生宅心仁厚，看到百姓们生活得不好，十分心忧。经过仔细地研究，发现百姓生活不好的主要原因是出在田赋上面，了凡先生就下了命令，要求把田赋的征收标准由两分三厘七毫下降到一分四厘六毫。这其实是了凡先生到达宝坻县之后做的第一件善事，也是他当上知县之后的第一件功绩。这也就是那件了凡先生梦中的老神仙所说的一件能抵得上一万件善事的事情。

　　那么为什么那个老神仙会说了凡先生这减免田赋的一件善事就抵得上他所许愿的要做的一万件善事呢？因为按照正常的情况来看，一个人如果做一件善事，比如说帮助一个人的话，那就只会有一个被帮助的人受益。而了凡先生这个减免田赋的行为，却使得他治下的所有百姓全部都受益了，要知道了凡先生可是一个知县，治理着一个县的人口，一个县的百姓人口肯定是不止一万的。做善事让一个人受益的话就抵得上一件善事，做的事情如果让一万个人都能够受益，那么这件事情当然能够抵得上他做一万件善事了。

　　当然，从这个道理中我们也应该明白，要是了凡先生做了一件让他治下所有的百姓都受到损害的恶事的话，那可就是比他平时做一万件恶事都严重。这里面所包含着的道理就是说当人身居高位的时候，做的一件相对于自己是很小的事情，却有可能是一件十分大的善事，也有可能是一件十分严重的恶事。

　　当然，按照一般的情况来说，一个知县看到自己治理下的百姓因为田赋过高而导致生活困难，所以去降低百姓们的田赋，这应该是一个知县作为百姓父母官的义务，也是知县的分内之事。所以，可能在了凡先生的心里，他从来就没有把降低百姓田赋这件事情当成是一件大的善事。否则的话了凡先生和他的妻子也不会因为没有时间去做那一万件善事而心急了。因此，从心里来讲，虽然在梦中老神仙的话说得已经很明白了，但是由于心理的作用，了凡先生还是对老神仙的话保持着一种怀疑的态度，他不认为一件对于自己来说是分内的事情能够抵得上一万件善事。

不过，了凡先生不敢相信梦中老神仙的话也是一件很正常的事情，一方面因为是梦中，所以他才不相信；另一方面，对于了凡先生来说，许愿做善事是一件很严肃的事情，由不得他有半点的马虎和疏忽，也不敢存在任何投机取巧的心态，必须是用恭敬虔诚的心态去完成，所以才造成了凡先生对于梦中老神仙的说法自始至终都保持着怀疑的态度。

就是在这个时候，恰好佛门高人幻余禅师从五台山来到了宝坻县。了凡先生就把自己梦中所遇到的事情告诉了幻余禅师，希望他能够给自己一个明确的答案。幻余禅师说："只要你做善事的心是真诚恳切的，那么一件善事就可以抵得上一万件善事；况且你减轻全县百姓的钱粮，全县的农民都受到你减税的恩惠，百万人民因你而获福。"幻余禅师的这个说法，其实就是说他同意了了凡先生梦中的那个老神仙的说法，他做的这一件事情确实抵

得上他做一万件善事。

　　了凡先生追求的是能够让百姓们生活得更好，并不是为了自己的政绩才降低田赋，那么这件事情当然是善事，还是能抵得上一万件善事的善事。所以说，行善是否是真心的，这一点十分重要。幻余禅师认同了了凡先生做的善事，这也就是说了凡先生当初所许诺的那一万件善事已经做完了，那么了凡先生当然就放心了。

"孔公算予五十三岁有厄……"
——祸福都是自己求来的

【原典】

　　孔公算予五十三岁有厄①，余未尝祈寿，是岁竟无恙②，今六十九矣。《书》曰："天难谌，命靡③常。"又云："惟命不于常"，皆非诳语④。吾于是而知，凡称祸福自己求之者，乃圣贤之言。若谓祸福惟天所命，则世俗⑤之论矣。

【注释】

　　①厄：灾难，困苦。

　　②无恙：无灾祸，没有什么大问题。

　　③靡：无，没有。

　　④诳语：自大的、自负的、欺骗的、迷惑人的话。

　　⑤世俗：庸俗，流俗。

【译文】

　　孔先生推算我五十三岁的时候会有灾难，我没有祈求长寿，当年也并没有什么灾祸，如今我已经六十九岁了。《尚书》上说："天道是难以相信的，命运不是固定不变的。"又说："命运不是一直不变的。"这些都不是骗人的话。我这才知道，凡是说祸福都是自己求来的言论，都是圣贤之言。如果说祸福只有听从上天的安排，那便是世上庸俗之人的论调了。

☞主题阅读链接

这段话其实是了凡先生对自己这么多年来立命之学实践的一个总结，或者是对自己多年感悟的一个总结，也可以当作是了凡先生对自己儿子的谆谆教导和告诫。

首先，了凡先生还是回忆了一下自己的过去。当初孔老先生给了凡先生推算的命运，整体来说是相当不好的一个命运，其中有一点就是说了凡先生会在五十三岁的时候就去世，对于这一点，了凡先生一直都没有忘记。自从了凡先生接受了云谷禅师立命之学的观点，发誓要通过自己的努力改变自己的命运之后，一共就祈求了三件事情：第一件是希望自己能够考中举人，第二件是希望自己能够有一个儿子，第三件是希望自己能够在科举考试中考中进士。但是这三件事情，其中并没有一件是希望自己能够活过五十三岁、希望自己能够长命百岁的。但是，当了凡先生写这本《了凡四训》的时候，年龄已经达到六十九岁了。也就是说，在五十三岁的那一年，了凡先生什么事情都没有发生，平安度过了，这又是什么原因造成的呢？了凡先生这多活出来的十六年又是从哪里来的呢？了凡先生认为，这就是他做善事的功劳。

自从了凡先生接受了云谷禅师的立命之学思想，并且发誓要用自己的努力去改变自己的命运之后，他一直真心地做善事。了凡先生每天都在进行着修行，积累善业，这样做的结果就是他改变了自己的命运。虽然他没有向上天去祈求自己能够长命百岁，但是他还是活过了五十三岁的那道坎。

其实可以说活到五十三岁去世的这件事情是最先被改变的，因为生死之事才是人的一生中最重要的事情。人只有活着，其他事情才有意义，也就是说只有了凡先生活着，什么中举人中进士才有祈求的意义，其他所有事情都是建立在这个前提之下的。了凡先生敢于只向上天祈求其他事情，可能也是因为自己早就预料到了这样的结果了。

这也就是佛教中所说的因果理论，因为了凡先生平时种下了善因，所以最终他能够得到善果。

接下来了凡先生又引用《尚书》中的话来说明自己的立命之学观点，那就是"天难谌，命靡常"和"惟命不于常"。其实这两句话所要表达的意思都是一样的，那就是人们的天命始终都是在发展和变化当中，因此是很难被相信的，究竟是怎样的命运谁也无法准确地知道。

《尚书》是我国古代最古老的史书，记载着很多上古时期的历史资料和中华民族的古老智慧。同时，它也是儒家学说"四书五经"中的一本，对于研究中国古代的历史和社会思想有着重要的作用。

《尚书》中的这种观点和很多学说中的关于命运的观点都是一样的。比如说佛教认为命运中除了存在定数之外，还存在着变数，这也是云谷禅师教诲了凡先生的立命之学中所包含的观点。一个人的命运到底会变成什么样子，

是由这个人自己的所作所为决定的。人们每天做的事情，不论是善还是恶，都会给自己的命运带来一定的变化。也正是因为这样的原因，才导致了命运一直处在不断的变化当中。了凡先生在这里借用《尚书》中的话表达了自己发自内心的想法，是最真实的东西。《尚书》中的观点和了凡先生自己的观点产生了共鸣，才导致了凡先生有这样的感慨。

《尚书》中的观点其实就是说所谓的命运都是不能够让人相信的，因为它时刻都在变化。命运是掌握在自己手中的，人的行善或者作恶都影响着命运的变化。了凡先生的一生其实就是在告诫我们，只要自己努力，积德行善，就一定能够让自己获得一个好的命运。其实《尚书》中的这两句话也可以看作是了凡先生对自己立命之学的概括和总结，因为这些就是了凡先生立命之学的核心观点。

了凡先生经过多年的亲身实践，验证了自己的立命之学观点，于此他明白了一个道理，并且要把这个道理传授给自己的后人。那就是不要去相信什么算命人的说法，想要有一个好的命运，就自己去努力，人们最终的命运一定是由自己所创造的。

"汝之命，未知若何……"
——挣脱思想枷锁

【原典】

汝之命，未知若何①？即命当荣显②，常作落寞③想；即时当顺利，常作拂④逆想；即眼前足食，常作贫窭想；即人相爱敬，常作恐惧⑤想；即家世望重，常作卑下想；即学问颇⑥优，常作浅陋想。

【注释】

①若何：怎样，怎么样。

②荣显：荣华显贵。

③落寞：冷落寂寞，失意潦倒。

④拂：违背，不顺。

⑤恐惧：畏惧，害怕。

⑥颇：很。

【译文】

不知道你的命运未来会是怎么样的。即便你的命运是荣耀显贵的，也要常常当作落寞孤寂，失意潦倒的时候来想；即便处于顺境中，也常当作身处逆境来想；即便是现在有足够的食物，也要经常当作贫穷饥饿的时候来想；即使身边的人喜爱敬重你，还是要经常当作恐惧来想，谨言慎行；即使是家室世代名望很大，也要经常当作卑微想；即使自身的学问很优秀，也要经常当作浅陋来想。

☞**主题阅读链接**

这段文字是了凡先生教育他的儿子的话，并且主要是为了教给他儿子一个对待人生的正确态度和方法。

了凡先生的命运在当初就已经被孔老先生推算出来了，所以说了凡先生十分清楚地知道他自己的命运是什么样子的，非常清楚自己应该努力去改变什么样的命运。但是了凡先生这段话是对他儿子说的，他儿子和他本人的情况是有很大区别的。一方面，没有人给了凡先生的儿子推算过命运。当然了，按照了凡先生现在的立命之学来看，他也不会让别人给他儿子推算命运的。另一方面由于了凡先生知道人的命运到底会怎么样是和这个人本身的努力程度成正比的，所以他也根本不会去相信所谓的命运学说，他也是这样教育他儿子的。即使有人给他儿子推算出命运，了凡先生也不会相信的。

许多已经成形的思想或理念，在行动中常常支配着我们的行动。让我们的头脑逐渐懒惰，不愿意跳出这个固定的思维模式，用一种更为合适或者说简洁的方法去思考、去行事。

老子曾经指出："启其兑，济其事，终身不救"，凭借自身的感觉、记忆为行动指导、不能客观对待事情，便很难解决问题。唯有一种"跳出三界外，不在五行中。"以这种客观态度挣脱思想枷锁的束缚，才能就事论事将问题解决掉。

在接受别人所谓的唯一可行的办法，或者所谓的"板上钉钉"的道理时，要敢于提出创新的思路，挑战一切，不怕提出"愚蠢"的问题，永远不被权威所吓倒。

经验是人的思想中根深蒂固的东西，时刻左右着我们的行为。我们常常认定："那事过去已经试过好几次了，是不可能的。""就是因为如此，这样的道理才行不通。"

我们应该从因循守旧的观念中解放出来，珍惜创意，发扬光大，产生出崭新的境界。

20世纪60年代，每个田径教练都这样指导跳高运动员：跑向横竿，头朝前跳过去。理论上讲，这样做没错，显然你要看着跑的方向，一鼓作气全力往前冲。可是有个名叫迪克·福斯贝利的小鬼，他临跳时转身搞了个花样，用反跳的方式过竿。当他快跑到横竿下时，右脚落地，侧转身180度，背朝横竿鱼跃而过。《时代》杂志上称为"历史上最反常的跳高技法"。当时大家都嘲笑他，把他的创举称为"福斯贝利之跳"。还有人提出疑问："此种跳法在比赛中是否合法"。但令专家们奇怪的是，迪克不仅照跳他的，还在奥运会上"如法炮制"，一举获胜。而现在，他的跳法已是全世界通行的跳法。

正如俗语所说"穷则变，变则通"，当遇到困难时，不要立即认为难解决而泄气，注意不要被自己的想法、主观意识与既有的知识所拘束，重新坦诚地审视事态，往往会产生意想不到的新方法。

"远思扬祖宗之德……"

——怎样才算是一个优秀的人

【原典】

远思扬①祖宗之德，近思盖②父母之愆③；上思报国之恩，下思造家之福；外思济人之急，内思闲④己之邪。

【注释】

①扬：发扬。

②盖：遮蔽，掩盖。

③愆（qiān）：罪过，过失。

④闲：防止，限制。

【译文】

从长远来讲，要想着发扬祖宗流传下来的美德；从近处来讲，要想着弥补父母的过失。从高处讲要想着报答国家的恩惠，从低处讲要想着为家人造福。对外要想着救济别人的难处，对内要想着限制自己的邪念。

☞**主题阅读链接**

每一个父母都有一颗望子成龙的心，父母总是希望自己的孩子能够成为一个完美的人，并且拥有一个完美的人生，了凡先生也不能例外。当然了，每一个父母对自己孩子的期待都各有不同，就比如说了凡先生，他就希望自己的儿子在个人修养方面能够做到以下几点。

第一点是扬祖宗之德。在这里了凡先生说要发扬祖宗的德行，那么祖宗有什么德行值得我们去发扬呢？其实我们仔细想一下就会发现，我们今天所获得的所有东西，包括衣食住行，都离不开祖宗的功劳，或者说都是祖宗们积累功德获得的福报。正如《易经》中所说的"积善之家，必有余庆"，我们现在所能拥有的一切，其实都是祖宗们的余庆，都是祖宗们行善换来的。我们不能忘记祖宗的功德。同时我们也要继续发扬这样的德行，因为我们还要为后辈积累功德。

当然了，前面所说的祖宗可以说是狭义上的祖宗，如果把祖宗的范围扩大的话，那么中国古代的圣贤人物都应该算作是我们的祖宗。就像我们都自称是炎黄子孙，所以炎帝和黄帝就应该是我们的祖宗，另外尧、舜、禹、商汤、周文王、孔子、孟子等所有的圣贤人物都是

我们的祖宗。尧、舜、禹以及孔、孟等圣贤也是一样，他们对中国人民的贡献实在无法用笔墨形容，他们的功绩和德行主要在于教化人们，这一点我们当然不能忘记，当然也要继续发扬。因为只有这样人类才能不断进步，社会才能不断进步。

第二点就是盖父母之愆。意思就是说不要宣扬父母的恶事。父母是给了一个人生命的人，也是一个人一生中最亲近的人，不论父母德行是什么样的，都掩盖不了他们给了一个人生命这样的事实。所以说，在任何情况下，人都没有权利去指责自己的父母，更不要说去宣扬父母的恶事了。当然了，这并不是说父母有了错误或是做了恶事就听之任之、不管不问，而是说不要到处宣扬。对于父母的过错，仅仅是不宣扬还远远不够，还应该进行劝导，帮助父母认识到错误，从而得到改正的机会，这是子女的义务与责任。

第三点就是报国之恩。在佛家的一首回向偈中，有一句是"上报四重恩"，这四重恩中有一重便是国家恩。没有国家，人们就不能有安定的生活环境；国家稳定强大，人们的生活才能幸福。所以，能够生活在安定的环境中，应该感谢国家的恩德，报答国家的恩德。

第四点就是造家之福，也就是说要给自己的家庭积攒福德。每个人都是生活在一个家庭之中，既然生活在这个家庭之中，当然就要有活在这个家庭中的意义。如果对家庭没有一点作用的话，那么这个家庭为什么还要容纳你呢？就像有些动物的族群一样，那些体弱的或者受了伤的动物们往往会被同伴们抛弃，因为除了拖累它们对这个族群已经没有任何意义了。一个家庭其实也是一样的，只不过没有动物那样残酷而已。再说了，每个人心中都有一番创造一个大事业的想法，但是一屋不扫何以扫天下？正所谓"修身、齐家、治国、平天下"，只有为自己的家庭创造出了足够厚的福德，才有资格、有能力去创出一番自己的大事业。

第五点就是济人之急，就是说要帮助有困难的人。这点其实最好理解了，人的命运都是由自己决定的，也只能是通过人自身的努力去改变。那么怎么样改变自己的命运呢？就是要去行善，要积累功德，而帮助有困难的人就是行善积德的事情。我们中国人向来有助人为乐的美德，如果看到他人有难处而不去帮，我们常常称这样的人不仗义。因此，帮人于危难，这本身就是一件功德之事，所以才会得到佛家和儒家的共同称赞，如此行事的人，至少也算是一个仗义的人、有慈悲心的人。

第六点就是闲己之邪，就是要收起自己的邪念，简单点说就是要改变自己。其实在了凡先生所说的六点中，这一点是最重要的，因为无论做什么事情都要从自身出发，没有一个正常、健康、善良的身心是不可能做到前面所说的那五点的。古人说："克己复礼谓之仁。"什么意思呢？只要一个人能够不断地克服自己的私心邪念，不断地进步，那就可以称作"仁"了。所以在宋明理学中，几乎所有的理学家都特别强调一个观点："存天理，灭人欲。"其中的"人欲"就是指人的私心邪念。其实很多时候，人的所谓命运不好，都是因为自身受到外界的影响，产生了私心邪念。所以，人生最重要的一场战争就是战胜自己的私心邪念。那么人们应该如何战胜自己的私心邪念呢？那就是多行善积德，多自我反省，只有这样，才能最终找到正确的人生道路。只要能够坚持下去，私心邪念自然就无处藏身了。

了凡先生告诫他儿子的这六点，其实放在每一个人身上也是十分合适的。

"务要日日知非……"

——坚持自我反省

【原典】

务要日日知非①，日日改过；一日不知非，即一日安于自是②；一日无过可改，即一日无步可进。

【注释】

①非：错误，过失。

②自是：自以为是。

【译文】

一定要天天反省自己的过失，每天都要改掉自己的不足。一天不知道自己的过错，便一天沉浸于自以为是中；一天没有错误可以改正，就一天都无法进步。

☞ **主题阅读链接**

了凡先生告诫自己的儿子，有些事情是每天都必须要去做的，不能因为任何的情况而改变。这是了凡先生立命之学所必须坚持的东西，也是一个人想要通过自己的努力改变自己的命运所必须做的事情。在这段中了凡先生就举了这样的一个例子：一个人要改变命运的话，每天必须做的事情就是每天都要自我反省。

每个人都会有错误和缺点，有了错误，就要主动认真反省自身，从而不断提升自己，改变自己的命运。反省的过程就是一个人心智不断提高的过程，是一个人心灵不断升华的过程。反省是心灵镜鉴的拂拭，是精神的洗灌。自省是认识自我、发展自我、完

善自我和实现自我价值的最佳方法。心平气和地正视自己，客观地反省自己，既是一个人修身养德必备的基本功之一，又是增强人之生存实力的一条重要途径。经常反省自己，可以去除杂念，对事物有清晰、准确的判断，理性地认识自己，并提醒自己改正过失。只有全面地反省，才能真正认识自己，才能不断完善自己。

对于要自我反省这一点，古代的先贤们都有着深刻的认识。儒家第一大圣人孔子曾说："见贤思齐焉，见不贤而内自省也。"朱熹也曾所说过："自省其身，有则改之，无则加勉。"孔子的学生曾子提倡"自省"这一主张，在孔子的众多弟子里，他堪当表率。曾子曰："吾日三省吾身，为人谋而不忠乎？与朋友交而不信乎？传不习乎？"一次，曾子对他的学生子襄讲什么是勇敢，就直接引用孔子的话，他说："你喜欢勇敢吗？我曾听孔子说过什么是最大的勇敢，即通过自我反省，正义不在自己一方，即使对方是普通百姓，我也不恐吓他们；自我反省以后，正义在自己一方，即使对方有千军万马，我也勇往直前。"

反省要养成习惯，坚持下去。一个人只要活着一天，就要反省一天，就要发现错误和改正错误。孔子六十岁的时候，真正到了"耳顺"地步了，但他还要学《易经》来修正自己的错误。

人非圣贤，孰能无过。每个人的言行举止都不可能是完美无瑕的。但是，只要人能够每天都进行自我反省，找到并且改正自己的错误，那么这个人就不会自我满足、自我放弃，永远都有前进的动力，也就永远都处在进步当中。

人应该经常反省自己在做人、行事、学习、工作、人际上有哪些问题，哪些做错了，哪些做对了。错则改之，对则勉之。人如同一块天然矿石，需要不断地用刀去雕琢，把身上的污垢去掉。虽有些沉痛，但雕琢后的矿石才能更光彩照人、身价百倍。因此，反省自我，是我们成为强者的最好方法。

了凡先生教育他的儿子每天都要自我反省，在发现并纠正自己所犯的错误时要有理有据，当然这也是了凡先生在向他的儿子传授自己的经验。

事实上，每个人在做事的时候都要持有自我反省、自我修正的态度，并以不断的追求去实现自己美好的愿望。一个不善于自我反省的人，会一次又一次地犯同样的错误，不能很好地发挥自己的能力。而一个善于自我反省的人，往往能够发现自己的优点和缺点，并能够扬长避短，发挥自己的最大潜能。

"天下聪明俊秀不少……"

——天才也需要努力

【原典】

天下聪明俊秀①不少，所以德不加修②，业不加广者，只为因循③二字，耽阁④一生。

【注释】

①俊秀：指容貌清秀美丽，也指才智杰出的人。

②修：修行、提升品德。

③因循：疏懒，闲散。

④耽阁：耽搁，耽误。

【译文】

天下容貌清秀、才智杰出的人很多，但他们却不提升自己的品德，不拓宽自己的事业，只是因为"因循"两个字，整天闲散疏懒，耽误了自己的一生。

☞ **主题阅读链接**

了凡先生这段主要说的是有许许多多天才没有努力地去改变自己的命运，

最后导致自己由天才堕落成了凡夫。其实主要目的还是向儿子说明一个人的命运是由自己所决定的这个道理。

北宋文学家、唐宋八大家之一的王安石曾经写过一篇文章，名字叫作《伤仲永》。这篇文章主要讲述的是金溪有一个叫方仲永的人，他们家世代都以种田为生，但是在方仲永长到五岁的时候，他突然间会写诗了，并且写得很不错，很得周围的人称赞，经常有人求他作诗，渐渐地方仲永就被他同县的人称为神童。由于方仲永的关系，他们家在当地的地位逐渐变得高了起来，也经常有人邀请他的父亲作为宾客去参加一些活动。按照正常的逻辑来讲，这个时候的方仲永应该去努力地学习，以此来保证自己有足够的文化，进而保住自己的家庭好不容易得来的地位。但是方仲永的父母没有让他继续学习，而是带着他四处拜访别人，根本就不去想学习的事情。几年后，由于长时间没有努力地去学习，当有人再让方仲永作诗的时候，方仲永作出来的诗已经不能和当年所作的诗相比较了。又过了几年，方仲永已经"泯然众人矣"，变得和普通人没有两样了。

方仲永在五岁的时候就能够作出让人赞叹的诗句来，并且让很多读过书的人都很佩服，从这一点来看，他被称作是天才和神童是没有任何问题的，他本应该取得非凡的成就。但是从实际的情况来看，长大后的方仲永却是让人十分失望的，他不但没有取得任何的成就，甚至都不如小时候的他了。那么究竟是什么原因造成了方仲永长大后远远不如小时候的结果呢？

其实原因很简单，就是因为方仲永在被称为天才之后，只知道仗着自己天才的名头去做一些没有用的事情，而没有去努力学习，总认为自己是天才就不用再去努力，最终他没有取得任何成就，并且连天才的名头也丢掉了。正如王安石所说的那样："方仲永的通达聪慧，是先天得到的。他的天赋，比一般有才能的人要优秀得多；但最终成为一个平凡的人，是因为他后天所受的教育没有达到要求。他的天资是那样好，没有受到正常的后天教育，尚且成为平凡的人，现在那些本来天资就不聪慧的人，又不接受后天的教育，恐怕比普通人还要不如！"

这个世界上有许许多多的人天生就有很高的天赋，但是有时候这些人并不能称得上是真正的天才。为什么这么说呢？因为这样的人很多时候都会仗着自己比别人聪明，在很多事情上得过且过，任意放纵，最后白白浪费掉大好年华，不能取得应有的成就。那么什么才是真正的天才呢？著名的发明家爱迪生认为，天才就是百分之一的灵感加上百分之九十九的汗水。人们在出生的时候会有聪明和愚钝的分别，但这并不是影响一个人最终所取得的成就的主要因素。正如了凡先生在这里所说的，这个世界上聪明睿智的人还是有很多的，但并不是所有天生的聪明人都能够取得一定的成就。因为他们中间有很多人都不懂得修养德行，也不懂得增进自己的事业，总是在肆无忌惮地挥霍着自己的才华，却不去积累新的东西，最终聪明反被聪明误，耽搁自己的一生。

这里了凡先生还提到了一个词，那就是"修德"。意思就是说人要在日常生活中注意修养自己的德行，当然也包括反思自己的过错，这样才能够找到错误，改正错误，不断地进步。另一个词是"广业"，意思是说要在自己的事业上或者是说自己所擅长的领域努力学习积极进取，不能心生傲慢看不起别人，这样才能掌握自己的命运。

还有一个重要的词语，那就是"因

循"。"因循"的意思简单点说就是顺应自然，保守、守旧。在这里的意思是说有些人相信上天注定命运这样的说法，认为自己的命运已经被注定，聪明就是聪明，愚钝就是愚钝，没有办法改变，所以就不思进取，也从来没有想过改变自己的命运。其实"因循"这样的行为是最害人的。历史上，很多人小时候被誉为"神童"，但长大后却变成了普通人，没有任何进步，原因就是了凡先生所说的"因循"两个字。反倒是一些普通人，没有什么天赋，但是他们相信勤能补拙，通过勤学苦练，最后学有所成。

任何人，只要努力去学习，就肯定能够学好。扩展一下的话，不论任何事情，只要有恒心，能够坚持努力地去做，就都能够取得成功。

"云谷禅师所授立命之说……"
——谨记云谷禅师的道理

【原典】

云谷禅师所授立命之说，乃至精①至邃②，至真至正之理，其熟玩③而勉行之，毋自旷也。

【注释】

①精：精辟。

②邃：深邃，深远。

③熟玩：这里意为认真钻研。

【译文】

云谷禅师所传授给我的立命的道理，是最精辟、最深邃、最真切、最正确的道理，你一定要认真钻研并且努力去施行，千万不要自己把它荒废了。

☞**主题阅读链接**

　　这段可以算作是了凡先生对云谷禅师所传授给他的立命之学的一个总结。自从遇到了云谷禅师，并且与他交谈之后，了凡先生所做的一切事情好像就都离不开佛教的影响了。就比如说做了善事之后的回向，这就是最明显的有佛教思想的人才做的事情。再有就是了凡先生的立命之学思想，就是云谷禅师传授给他的，这些都离不开佛教思想的影响。

　　了凡先生认为，云谷禅师传授给他的立命之学是至精至邃、至真至正之理，这是对立命之学思想的一个总结，同时也是对立命之学思想的一个评价。

　　第一，了凡先生认为云谷禅师的立命之学是至精的，也就是说是最精辟、最简练的，不包含任何其他东西或者是杂质。立命之学思想中所包含的道理是很简单的，那就是命运的改变需要自身的努力，命由我造，福自己求。我们只要看一看了凡先生的一生就知道了。在了凡先生遇到云谷禅师之前，他的命运轨迹和孔老先生给他推算的是完全一样的，因为那时候的他只知道自己的命运已经被注定了，自己什么也不用去做了，只要按部就班地活下去就行，自己根本就没有努力去改变什么。可是当他遇到云谷禅师之后，他的命运却和孔老先生当初推算的不一样了，慢慢地改变了，因为了凡先生接受了云谷禅师的立命之学思想，开始通过自己的努力，行善积德。所以说，立命之学思想其实很简单，就是自己的命运自己掌握。

　　第二，了凡先生认为云谷禅师的立命之学是至邃的，也就是说其中所包含的道理是深刻的、高深莫测的。云谷禅师的立命之学是符合天道规律的，这一点不可否认。当然，某种程度上来说，立命之学思想其实是和天道规律是一样的，人们能够知道，能够用到，但是却不能随意地改变，只能去顺应，不能忤逆。

　　第三，了凡先生认为云谷禅师的立命之学是至真的，也就是说是真实的。了凡先生的一生之中，前半辈子就庸庸碌碌地过去了，但是他的后半辈子一直都在实践着立命之学的思想，并且真的通过自己的努力改变了自己的命运。

所以说云谷禅师的立命之学思想是最真实的。

至于最后一点，了凡先生认为云谷禅师的立命之学是最正的，其实就是说这个思想不偏不倚，没有过，也没有不及，它是中庸之道，是上天所赋予人的本性。每个人都可以拥有这个思想，只要自己本身去努力，每个人都能够改变自己的命运，它不会挑人的。

第二篇　改过之法

　　"改过之法"是了凡第二训。主要是写如何对待错误、如何改正错误和如何调整自己。从中我们明白，完美的品格修养，需要一个不断自我修正的过程。一个人要学会反省，敢于改正，这样才能达到完善自己的目的。

"春秋诸大夫……"

——言行举止推测祸福

【原典】

春秋诸①大夫②，见人言动，亿③而谈其祸福，靡④不验者，《左》、《国》诸记可观也。

【注释】

①诸：众，许多。

②大夫：官爵名称。春秋时期诸侯所分封的贵族为大夫。

③亿：通"臆"，推测，揣测。

④靡：没有。

【译文】

东周的春秋时期，各国大夫来往频繁，他们观察一个人的语言和行为，接着就能推测出这个人即将遇到的吉凶祸福，他们所说的话没有不灵验的。这些事情在《左传》、《国语》中都有记载可查。

☞**主题阅读链接**

这段主要讲述的是一种春秋时期的人们不通过算命等手段来鉴别一个人或者是国家吉凶祸福的方法，那就是通过观察人的言行举止来判断。这样的事情在《左传》和《国语》中都有记载。

《左传》是中国古代第一部形式比较完整的编年体史书，相传为春秋时期的左丘明所作。《左传》里面记载着春秋时期各个诸侯国详细的历史事件，并且都是真实的记录。《国语》是一部分国的记事史书，记录的是各个诸侯国贵族之间的往来应对以及部分历史事件。这两部书里面的内容都十分有参考意义和教育意义。

关于通过观察言行举止来判断吉凶祸福的事，《左传》里面有这样的记载。

在春秋鲁隐公三年的时候，卫国卫庄公非常宠爱的一个小妾给卫庄公生了一个儿子，取名叫州吁。由于州吁的母亲十分受卫庄公的宠爱，所以州吁也被卫庄公宠爱，即便是他经常肆意妄为，也不会受到卫庄公的批评和指责。大夫石碏认为卫庄公的溺爱不会给州吁和卫国带来好结果，于是就劝告庄公不要过分溺爱州吁，而是应该对州吁进行教育，否则的话州吁一定会走到邪路上去。

石碏怕卫庄公不听自己的劝告，为此又讲了"六逆"和"六顺"给庄公听：六逆指的是"贱妨贵，少陵长，远间亲，新间旧，小加大，淫破义"，这六逆，州吁占全了；六顺指的是"君义、臣行、父慈、子孝、兄爱、弟敬"，这才是教育孩子的方法。石碏建议卫庄公停止对州吁的溺爱，赶紧疏远一些，

并且应该马上对州吁进行教育，否则一定会给卫国带来大祸。但是卫庄公对石碏的建议置之不理，根本就没有把石碏的建议放在心上，依然十分溺爱州吁，也不去进行教育。卫庄公根本就不可能想到，在他死之后石碏的说法就得到了验证。在卫庄公去世之后，他的长子卫桓公即位。但是不久之后，一直被卫庄公所溺爱的州吁就杀害了卫桓公，自己取而代之了。同时，州吁也成为了春秋时代以臣弑君的第一人。

州吁杀掉卫桓公取而代之，造成了卫国大乱，民不聊生。

州吁篡位以后，鲁隐公曾经问过他的大臣众仲，说："州吁到底能不能立？"众仲说："州吁好战不得民心，安忍无亲，众叛亲离，必将玩火自焚。"事实证明众仲的说法也得到了验证，州吁在位还不到一年时间，就由于不得民心而遭到杀害。

我们可以发现，石碏和众仲对州吁的预测都得到了事实的验证，但是他们却都没有去用算命或者是占卜等方法，都只是观察州吁平时的所作所为就得出了自己的判断，所以说，古代大夫通过观察一个人的言行举止来预测吉凶祸福是相当有道理和根据的。

其实通过这样的观察方法，不单单能够判断出一个人的吉凶祸福，有时候连一个国家的兴衰也能够判断出来。

我们如果仔细地观察一个人或者一件事，也能够大致判断出一个人的性格或者一件事的走势。了凡先生在这里的重点并不是教人们推测祸福，而是告诉人们，一个人的举止德行，决定了他的命运。一个人做事情符合天道规律，那么这个人就会有福气，就是吉；而如果一个人做事情不符合天道，那么就会有祸患，就是凶。所以说，人们平常无论做什么样的事情都要符合天道，种下好的因，将来才能得到好的果。

"大都吉凶之兆⋯⋯"

——吉凶祸福有预兆

【原典】

大都吉凶之兆，萌①乎心而动乎四体，其过于厚者常获福，过于薄者常近祸。俗眼多翳②，谓有未定而不可测者。

【注释】

①萌：萌生，萌发。

②翳：眼角膜上所生障碍视线的白斑。

【译文】

大多数时候，一个人吉凶祸福的征兆，都是萌发于他的内心，表现在他的行为上。那些厚道的人常常能获得福报，刻薄的人常常会招致祸患。才学浅陋的人无法识得吉凶祸福，就如同那些得了眼病的人一样看不清楚，说祸福是不确定的，无法预测到。

☞**主题阅读链接**

这段主要讲述的是通过言行或者表面现象推测祸福的原理。一个人吉凶祸福的征兆，都是萌发于他的内心，进而表现在举止上面。

道教的经典著作《太上感应篇》中有这样一个说法，那就是"祸福无门，惟人自召"。这句话到底是什么意思呢？按照字面上的意思来说，就是福祸本来是没有门可以进来的，而是人们把门打开了，才把福祸放了进来。也就是说不论是福还是祸，其实都是人们自己招来的，并不是上天随便降下的。在这个过程中，人们自身所起到的作用才是最重要的。

人们打开了门放进了福祸，其实意思就是说人们的内心中产生了福祸。一个人内心善良，那么这个人就会得到福气；如果这个人内心险恶，那么就会招来祸患。所以说福祸其实都是源于一个人的内心。这种情况可以称作是一种必然的规律，一个人内心善良的话，只要这个人的念头刚产生，那么即便没有通过言行举止表现出来，福也能感应到他的善良，自然就会迫不及待地找上门来。古人总是说人的心中要长存善念，其实就是这个道理。

《中庸》里面讲，"喜怒哀乐未发谓之中，发而皆中节谓之和"。喜怒哀乐，这是一种情绪，每个人都有，这一点是没办法改变的。人活在这个世界上一辈子，必然要遇到各种各样的事情，有些会让人高兴，有些会让人不高兴甚至是烦恼，在这样的情况下，人们必然会产生喜怒哀乐等情绪，没有人能够回避。

当心里产生喜怒哀乐这样的情绪的时候，很多人就会选择发泄出来。而当人们打算把自己内心的情绪发泄出来的时候，内心中就会产生善或者是恶的思想。一旦产生了善恶的思想，那么福祸自然也就相应地产生了。举个例子来说一下，当一个人内心中满满的全是高兴的情绪的时候，就很有可能产生善，因为这个时候人的心情好，看什么东西都顺眼，那么就很可能去帮助一下别人，有了善念自然会带来福气；反之，当人们的心里全都是不高兴的情绪的时候，就很有可能产生恶念，因为这种情绪下的人看什么都不顺眼，很有可能去破坏一下别人的事情，产生恶念之后当然会产生祸患。因此说，福祸最开始都是产生在一个人的心里的。

接下来，了凡先生说"过于厚者常获福，过于薄者常近祸"，意思就是说厚道的人常常能获得福报，刻薄的人常常会招致祸患。这是什么原因呢？

厚，指的是厚道、厚重。厚重的人，也就是说一个人道德深厚，做事情稳稳当当，不论别人说什么，他都会按照一定的标准去办事。那么为什么说厚道的人常常会得到福报呢？我们常说一个词语叫作"厚德载物"，厚德可以理解，就是前面所说的厚道的人，那么载物是指的什么呢？这里面的这个物指的可能是物质、是财富、是高官厚禄、是健康长寿等，我们看到这些词语自然就能够和福气联系起来，而这些东西，都是只有那些品德厚重的人才能承载的。因此了凡先生才会说厚道的人常常会得到福报，换句话说，"厚德载物"才是了凡先生有如此说法的根本原因。那么我们反过来想一下，那些没有道德的人一定是对人很残酷、做事很轻佻、只想自己不想别人，这样的人用现在的说法就是一个刻薄的人。这样的人内心也一定是十分险恶的，那么就一定会招来祸患，所以了凡先生才说刻薄的人常常会遭到祸患。

虽然前面所说的那些福祸往往会表现得很明显，但是对这样的情况能看清楚的人还是很少的。因为厚者得福、薄者近祸虽然是符合天道的规律，但是这个规律都是需要长时间实践验证才能证明是正确的。今天你做了好事，但十年之后你才获得了福报。虽然你获得了应该得到的东西，但是你能联想到这个福德是你十年前种下的吗？很多人都想不到。十年时间会让一个人遗忘掉很多的事情，那么如果是二十年、三十年或者是更长的时间，人们遗

忘掉的东西只会越来越多。再说了，即使能够想得到以前的事情，谁又会把现在的福德和很久之前的事情联系起来呢？祸患也是一样的，也许某个人现在过得很好，但是突然间就遭到了灾祸，这或许就是很久以前种下的因造成的，但是谁又能往前面想得那么远呢？所以说，这样的规律很少有人发现是很正常的事情。

"至诚合天……"

——改错才能得福

【原典】

至诚合①天。福之将至，观其善而必先知之矣。祸之将至，观其不善而必先知之矣。今欲②获福而远祸，未论行善，先须改过。

【注释】

①合：符合。

②欲：想要，希望。

【译文】

以至诚之心待人，是符合天道的。福报将要来到的时候，观察他的善行就能预先知道。灾祸将要到来的时候，观察他的恶行也必然能够推测到。如今想获得福报而远离灾祸，先不谈做善事，必须先改掉自己所犯的过错。

☞主题阅读链接

这段的开头有一个重要的词语，那就是"至诚合天"。至诚合天的意思就是说人们做事情都符合天道的规律，没有任何妄念和分别。同时不论做什么事情都在内心用真诚的态度去对待，这是一个基本原则。那么坚持这个原则去做事会有什么样的结果呢？结果就是你的吉凶祸福都是可以预料或者推测到了。

前面说过吉凶祸福的降临都有预兆，人们仔细观察的话都是可以发现的，但是很多人还是不能够体会到这个道理，这是为什么呢？关键还是在这个"诚"字上面，诚这个字在中国古代儒家的传统里面很受重视。《说文解字》中指出诚和信可以互通，"诚者，信也。从言，成声"；"信者，诚也"。其中"诚"的意思就是真实无妄和诚实无欺。北宋著名思想家张载曾经说过："诚则实也，太虚者天之实也。""天所以长久不已之道，乃所谓诚。"《大学》中也曾有云："所谓诚其意者，毋自欺也。"再有就是朱熹也曾经说过"诚，实理也，亦诚实也"这样的话。

很多人之所以不能通过一个人的言行举止来看出吉凶祸福，就是因为他们的心不够诚。之前我们就说过，很多人之所以不能成为圣人，是因为他们的内心中有妄念，当妄念蒙蔽了人的内心之后，就有很多事情都没有办法察觉了。在这样的情况下，人们不能通过一个人的言行举止来观察出吉凶祸福是很正常的。

有了至诚合天这个原则之后，再去观察一个人的吉凶祸福就十分简单了。在这种情况下，想要看一个人到底有福还是有祸根本就不用去算卦和占卜，只要看这个人行事到底符不符合天道的规律就可以了。当一个人平时做一些行善积德的事情，他一定会得到福报的。我们想要看一个人是否有祸患的时候，只要观察这个人平时是不是总是在作恶就可以了，因为作恶是违背天道规律的，况且作恶的人会产生罪孽，罪行多了必然就会遭祸患，这一点也是不用卜卦算命就能知道的。一个人做了很多恶事，仅是期待着求神拜佛、卜

卦算命就把自己的罪行消减掉是不可能的。

人们常说"多行不义必自毙"，这句话就很符合天道的规律。孟子也说过类似的话，多行不义，结果是必然灭亡，很多例子都验证了这个道理。

古代有个人非常官僚，且作威作福，当时显贵一时，是个炙手可热的人物。有一天他坐着轿子，仪仗队很整齐，正在路上走着的时候，碰到一个相士，这个相士很不知趣，不小心得罪了这个官僚。官僚很生气，要惩罚相士。很多人都替相士担心，觉得这是个大麻烦，但相士很淡定，和没有这回事一样，他说："这个官僚已经是棺材中的人了，他还能惩罚谁呀？"三天后，官僚暴毙。

所以，我们观察一个人的时候，不管他是多么显赫，多么荣耀，只要他坏事做绝，灾祸就会自动找上门来。

没有任何一个人是希望自己的一生都伴随着灾祸的，每个人都希望福气能够降临在自己的头上，这就是所谓的趋吉避凶了。想要远离灾祸得到福气，需要做的第一件事情就是改过。前面讲过，很多人因为内心中有妄念，做了很多错事，也蒙蔽了预知吉凶祸福的能力，所以一定要改，一定要除掉内心中的妄念，好好地洗涤自己的心灵。

"但改过者……"
——要有羞耻心

【原典】

但改过者，第一要发耻①心。

思古之圣贤，与我同为丈夫②，彼何以百世可师，我何以一身瓦裂③？耽④染尘情，私行不义，谓人不知，傲然无愧，将日沦⑤于禽兽而不自知矣。世之可羞可耻者，莫大乎此。孟子曰："耻之于人大矣。"以其得之则圣贤，失之则禽兽耳⑥。此改过之要机也。

【注释】

①耻：羞耻。

②丈夫：这里指男子。

③瓦裂：像瓦片一样碎裂，比喻分裂或崩溃破败。这里意为声名狼藉。

④耽：沉溺，过度喜好。

⑤沦：沉沦。

⑥耳：文言语气词，大致同"矣"。

【译文】

改正过失的方法，首先就是要有羞耻心。

想想古时候的圣贤之人，和我一样都同样是男子汉，为什么他们就可以被后人当作榜样？我为什么就一事无成，甚至声名狼藉呢？那是因为沉溺于世俗欲望，私下里做了一些不合乎仁义道德的事情，以为别人都不知道，还表现出一副傲慢的样子，没有一点羞愧之心，整天就这样沉沦下去，逐渐变成卑劣无耻的人，自己却还不自知，世界上没有比这个更羞愧、更可耻的事情了。孟子曾说："知耻对于一个人的意义非常重大。"一个人有羞耻心，便可以成为圣贤，若没有羞耻心，那么就跟禽兽没什么区别。这就是改正过失的重要秘诀。

☞ 主题阅读链接

一个人想要获得福气并且远离祸患，需要做的第一件事情或者说是最应该做的事情就是改正自己的过错。但是错误这个东西不是一个人在心里面想改就能改得掉的，改错需要有一套正确的方法，同时也需要一个完整的过程。从这段开始，了凡先生就开始讲述改正错误的方法和过程。

这段中讲述的是改错的第一点，就是先要让自己有羞耻心。儒家学说中有四维八德的说法，其中四维包括礼、义、廉、耻，八德包括忠、孝、仁、爱、信、义、和、平，而耻是四维八德中很重要的一点，也可以说是儒家学说中一个非常重要的道德标准。这里的耻，其实指的就是羞耻心，羞耻心也是一个人最起码的道德底线。如果没有羞耻心的话，一个人就根本不可能称为人。孟子说人有四种善端，"羞恶之心"是其中之一，意思就是说对于害人、害己的坏事，有厌恶之心，羞于去做，这其实就是有是非观念的表现。

那么一个人有了羞耻心后会得到什么好处呢？作为人，一旦有了羞耻心，内心中就会产生一个标准，对和错的标准。在这个标准之下，人们就会知道什么事情该做，什么事情不该做，做什么事情是对的，做什么事情是错的。心里面有了这样的标准之后，人们才能知道自己在什么时候做错了什么事情，也才能做到在做事情之后自我反省自己的错误，同时也能勉励自己，积极地改正自己的错误。有了羞耻心之后，人们才能发现自身的不足，也才有动力改正自身的错误，并且会激发一个人内在的潜力和动力，使人在做事情的时候能够勇往直前。

孔子曾经说过："好学近乎知，力行近乎仁，知耻近乎勇。"意思是说一个人只有在知道羞耻之后才能在面对自己的错误的时候勇于改过，战胜自我。由此可见古代圣人对于羞耻心的推崇。《论语》中说："见贤思齐焉"，看到自己不如别人贤德，从而产生羞愧之心，然后发愤图强，拿出勇气来立身行道，这其实就是一种有羞耻心的表现。

当然，羞耻心其实也是一个人改变命运的开端和关键，或者也可以称为改变命运的动力。为什么这么说？因为有了羞耻心之后，人才会感觉到自己的命运不好。既然不好那当然要去改变了，所以说羞耻心是改变命运的动力。改变命运靠的是什么，是行善积德，只有在觉得自己做的不是好事之后才能明白什么才是好事，怎么样做才算是做好事，才能知道怎样去行善积德。所以说，有羞耻心是一个人改变命运的开端。

什么是好事、什么是坏事、什么事情可以做、什么事情不能做，心里一定要清楚。只有这样，我们才能在漫长的人生旅途中不断地前进，并且永远拥有用之不竭的动力。

"第二要发畏心……"
——做人要有敬畏之心

【原典】

第二要发畏心。天地在上，鬼神难欺。吾虽过在隐微①，而天地鬼神，实鉴临②之。重则降之百殃③，轻则损其现福。吾何可以不惧？

【注释】

①隐微：隐蔽而不显露。

②鉴临：审查，监视。

③殃：灾祸。

【译文】

第二，要有敬畏之心。我们的头上有天地鬼神随时监察我们的行为，他

们是不可能被欺骗的。我犯的过错虽然隐蔽，不容易显露出来，但天地鬼神却能看得十分清楚。如果我所犯的罪过非常重大，便会遭受很多灾祸，如果罪过很轻，也会折损现在的福报，我怎么可能不惧怕呢？

👉 主题阅读链接

要想获得福气远离祸患最重要的就是改错，而改错的第一点就是要有羞耻心，这段讲的是第二点，要有敬畏之心。

畏的意思是害怕，这里也有恭敬的意思。人只有在有了敬畏之心之后，才不敢胡作非为，才不敢任意妄为，才不会做出恶事恶行。有些人，别人评价他们做事情的方法时会说成是肆无忌惮，其实这就是没有敬畏之心的表现。或许有些人会认为这样的行为属于直来直去、快意恩仇，是值得提倡和学习的，其实不然，做人行事肆无忌惮的人最后都没有得到什么好的下场。

儒家的学说中也有关于畏的言论，《论语》中就有"君子有三畏：畏天命，畏大人，畏圣人之言。小人不知天命而不畏也，狎大人，侮圣人之言"。意思是说君子敬畏天命、敬畏处于高位的人，也敬畏圣人的言语；而小人不知天命而不敬畏天、不敬畏身处高位的人甚至还蔑视圣人说的话。由此可以看出敬畏的重要性。因为不懂得敬畏的人是不可能成为君子的，那就更不可能成为圣人，只能是小人之流，小人是不可能去改变自己命运的。

那么人们需要敬畏的又是什么呢？了凡先生在这里给出了答案，"天地在上，鬼神难欺"。古时人们认为，天地鬼神是人们最需要敬畏的。佛教中有一种因果报应的思想，做好事就能得到好报，做坏事就要遭到祸患。有人会说自己做善事是不希望别人知道的，为什么也能得到福气呢？有些人的恶事明明是背着别人偷偷去做的，为什么又肯定会遭到祸患呢？到底是谁能够把这样秘密的情况全部都掌握然后分别送来吉凶祸福呢？答案显而易见，那就是天地鬼神。天地鬼神是无所不知无所不晓的，这个世间任何事物的一举一动全部都在他们的掌握之中，人当然也是一样的。其实对于天地鬼神的敬畏古代人做得就很好。因为古代的科学技术还不是很发达，很多事情都没办法用科学的原理去解释，再加上人们只是掌握了最为朴素的宗教观念，所以人们最害怕的就是天地鬼神，人们最敬重的也是天地鬼神。其实可以把这种敬畏看作是一种约束的力量，只有有了这种敬畏的约束，人们才不敢胡作非为，才不敢去肆无忌惮地做恶事。

所以说，一个追求高尚品德的人，每时每刻都应该注意自己的言行，不做见不得人的事情。《中庸》说："道不可须臾离也"，天道是分分秒秒都不能离开的，必须让自己时时刻刻身处天道之中，这才是儒家中庸之道的真正含义。要想奉行儒家所说的中庸之道，有两个难点是必须注意的，那就是"隐微"。所谓的隐，就是别人都不知道只有自己知道的地方，这样的地方，只有自己一个人，不需要和外面的人接触，也不需要去考虑其他人或者是事物，只要考虑自己就好了。在这种情况之下，一个人究竟能否坚持住中庸之道就不得而知了，不过应该是很难的，毕竟一个地方只有自己一个人。所谓的微，就是指那些细枝末节的东西，很少被人注意的东西，很容易让人忽略的东西。

一般情况下，这样微小的东西或者是事情是很少有人会去在意的，当事人也根本不用去考虑别人的感受，所以这种情况下也很难坚持住儒家的中庸之道。隐和微是奉行中庸之道的两个难点，如果一个人做事情总是在隐微中犯错的话，那么就可能会偏离正确的轨道，从而远离中庸之道。

"不惟是也……"

——掩饰就是自欺欺人

【原典】

不惟是也，闲居①之地，指视昭然②。吾虽掩之甚密，文③之甚巧，而肺肝④早露，终难自欺，被人觑破，不值一文矣，乌得不憝憝⑤？

【注释】

①闲居：避人独居。

②昭然：这里意为明明白白，显而易见。

③文：修饰，掩饰。

④肺肝：比喻内心。

⑤憝憝：畏惧的样子。

【译文】

不止如此。即使是在避开别人独自居住的地方，自己所有的行为举止，也能够被神明看得明明白白。我虽然掩饰得十分巧妙，但内心的所有想法都会显露出来，最终还是无法自欺欺人。如果被人看破，就更加一文不值，我怎么可能不怀着一颗敬畏之心呢？

☞**主题阅读链接**

了凡先生认为，人们做错了事情会被天地鬼神发现并惩罚，即使是再怎么隐蔽也是会被发现的。这段说的是即使一个人远离人群，独自隐居在一个无人的地方或者说是一个人私室独居的时候，也要对天地鬼神有敬畏之心，因为天地鬼神是无处不在的，即使只是在心里面有一个小小的想法，也会被天地鬼神清楚地察觉和看破。所以说，私室独居时也什么都不能隐瞒，也要敬畏天地鬼神。

其实这段说的是儒家学说中的慎独思想。"慎独"是儒家学说中的一个重要概念，也是儒家修行的最高境界。在儒家经典《大学》和《中庸》中都有关于君子慎独的观点。

《大学》中说："所谓诚其意者，毋自欺也。如恶恶臭，如好好色，此之谓自谦。

故君子必慎其独也。小人闲居为不善，无所不至。见君子而后厌然，掩其不善，而著其善。人之视己，如见其肺肝然，则何益矣。此谓诚于中，形于外。故君子必慎独也。"这里明确地说明了君子必须坚持慎独的思想。

《中庸》中说："天命之谓性，率性之谓道，修道之谓教。道也者，不可须臾离也，可离非道也。是故君子戒慎乎其所不睹，恐惧乎其所不闻。莫见乎隐，莫显乎微。故君子慎其独也。"这里也明确说了君子要慎独。

那么慎独究竟要怎么去理解呢？慎独是一种进行个人道德修养的重要方法，是指人们在没有人监督的情况下独自进行各种活动的时候，能够凭借自身的高度自觉，做任何事情都能坚持一定的道德规范，而不会做出任何违反道德信念和做人原则的事情，这其实也是评价一个人自身道德水准的关键性环节。这段中说私室独居的时候要注意自己的行为举止，要敬畏天地鬼神，也就是说不能够做错事或者是违背道德的事情，否则就会受到天地鬼神的惩罚，这个说法和儒家的慎独思想相一致。

一般情况下，人们独自在一个私密的空间或隐秘的地方往往会在心里产生一种十分轻松的感觉，这时就可能会不自觉地放松了对自己行为的约束，导致的直接后果就是对自身的放纵。当一个人在思想和原则上不能约束自己或是在行为上放纵自己的时候，往往就会做出一些不好的事情，比如说违背道德的事情，比如说违背做人原则的事情。当然，有些时候也是人们在私室独居的时候有意地做出这些事情，因为这样的人总感觉在没人监督的情况之下是最安全的，做什么事情都不会被发现。这其实就是缺乏慎独观念，这种思想是不可取的。

"吾虽掩之甚密，文之甚巧，而肺肝早露，终难自欺"，这句话的意思是说人们在做错事情的时候，再怎么掩盖也不能欺骗自己的内心。一般来说，很多人做了什么错事的时候，最先想的是如何去掩饰，这是不对的，不利于一个人的自我完善。这种自己内心中的安慰和误导，或许能让一个人得到一时的平静，但是时间久了就会发现，错误就是错误，恶事就是恶事，无论怎样去掩饰它都是真实存在的，再怎么掩盖都不能够掩盖掉真相，只是自欺欺人而已。

一味掩盖，不思悔过，也得不到心安。俗话说："为人不做亏心事，半夜不怕鬼敲门。"人们做了亏心事之后，就会发现自己总是有一种很不踏实的感觉，甚至有时候会有一种心惊胆战的感觉，总是感觉到自己做的错事或者恶事被别人发现了，甚至晚上连睡觉都有可能睡不好，这其实就是人正在遭受自己良心的谴责。就如那些违法乱纪的人，经常处于一种惊恐不安的情绪中，看见警车和警察，即使不是抓他们的，也会陷入深深的恐惧当中，这是他们的内心在谴责他们做错了事情。但是当他们被抓到或者是被绳之以法之后，他们变得平静了，不再恐慌了。为什么会这样呢？违法乱纪而不接受国法的制裁，良心告诉他们这不合情理，所以必然会恐慌。而一旦被绳之以法，他们在良心上会获得一种平衡，觉得自己虽然犯法了，但已经受到惩罚了。

当然了，最尴尬的事情应该是在做了恶事和错事之后，自以为掩饰得很好，但是最后却被人发现了。在这里了凡先生用了一个词，那就是"不值一文"，意思就是说一点价值都没有了。为什么这么说呢？因为人在做了错事和恶事，却去掩饰而不是改正，当被人发现之后，就会被别人第一时间定义为骗子，试问有哪个人愿意和骗子做朋友或者是办事情呢？又有几个人会相信一个骗子呢？慢慢地，人就会没有朋友，最终也会被社会所抛弃。这样的人，当然就是一个没有价值的人了。很多人在做错事被发现之后都有一种感觉，那就是想死的心都有了，这不正说明了人已经没有价值了吗？

正是因为做了错事和恶事之后，无论怎样掩饰都逃不过自己良心的谴责，再加上被人发现的后果，所以了凡先生认为一定要敬畏天地鬼神，一定要有敬畏心，只有这样，才能在任何情况下做事情都能坚持道德底线和做人的准则，才能不做错事情。

"不惟是也……"
——要知悔改

【原典】

不惟是也，一息尚存，弥天①之恶，犹可悔改。古人有一生作恶，临死悔悟②，发一善念，遂得善终者。谓一念猛厉③，足以涤百年之恶也。譬如千年幽谷，一灯才照，则千年之暗俱除。故过不论久近，惟以改为贵。

【注释】

①弥天：满天，极言其大。

②悔悟：后悔觉悟。

③猛厉：勇猛刚烈。

【译文】

不只是如此。只要还有一口气在，就算是犯了弥天大罪，仍然还可以悔改。古人有的做了一辈子的坏事，到临死的时候有所觉悟，心中萌发一丝善念，最终也能得到善终的果报。这是说，内心一个善意念头的勇猛刚烈，足够洗刷一生所积下的恶行。就像上千年的幽暗山谷，只要有一盏明灯，几千年以来的黑暗都会被消除。所以无论什么时候犯下的过错，只有知错能改，才是最可贵的。

☞主题阅读链接

在这个世界上，无论是什么样的人都会做错事，也有可能做过恶事，

这一点是不能避免的。就连儒家第一圣人孔子不也是在七十岁的时候还在改错吗？这说明孔子也是犯过错误的。即使是圣人都会犯错误，就更不要说其他的凡夫俗子了。所以说，犯错误做错事或者是做出了恶事其实是一件很正常的事情。但是正常的事情却并不代表就是正确的事情，错误就是错误，作恶就会受到惩罚，这一点毋庸置疑。

世界上最可怕的事情不是有过恶，而是有恶却没有悔改之念。其实有很多人都能够认识到自身所犯的错误和所做的事情是恶事，但却不能真心悔改。一方面有些人利欲熏心，眼里根本就不在乎这些，只要有利益管他什么错事还是恶事；另一方面一些人在意识到自己的错误之后确实想悔改，但是总会给自己找到一些理由来推迟悔改或者是拒绝悔改，比如说年龄大了，这辈子就这样了，改不改都无所谓了。

这样的想法是错误的，正如了凡先生所说的："一息尚存，弥天之恶，犹可悔改"，只要还有一口气在，就算是犯了天大的罪过，也是可以改正的。连孔子那样的圣人在七十岁的时候都知道有错误就要去改，何况是其他的人呢？有了错误，做了恶事，就必须知道悔改，这一点是没有任何借口去逃避的，否则就必须接受惩罚。

"但尘世无常……"
——不知悔改后果很严重

【原典】

但尘世无常，肉身易殒①，一息不属②，欲改无由③矣。明则千百年担负恶名，虽孝子慈孙，不能洗涤④。幽则千百劫沉沦狱报，虽圣贤佛菩萨，不能援引。乌得不畏？

【注释】

①殒：这里意为死亡。

②不属：不依附，这里指死亡。

③无由：没有门径，没有办法。

④洗涤：除去罪过、积习、耻辱等。

【译文】

但尘世间万事万物都是变化的，没有永远固定不变的事物，我们的肉体也是很容易消亡的，一旦呼吸停止，身体就不再属于我，想要改掉自己的过失也没有办法了。在阳间的报应，就是背负千百年的骂名，即使是有孝顺善良的子孙，也不能洗刷所犯下的罪过。在阴间的报应是受到千百年的劫难，沉沦在地狱里受到应有的惩罚。即使是圣贤的佛祖菩萨，也无法帮助引接。我怎么可能不畏惧呢？

☞**主题阅读链接**

人在生命最后时刻的一念之善确实有很大的作用，也确实能够让人得到善终。但是，人的生命是不可预测的，谁能保证自己做了一辈子的恶之后，上天肯定会在他死的时候给他一个悔改和向善的机会呢？没有任何人有这样的把握。

谁都不敢保证自己什么时候就会在这个世界上消失，所以说想要等到临死之前再为自己一辈子所做的恶行进行忏悔是不可能的。如果人死了，那么一辈子所做的恶事又靠什么去悔改呢？没办法，只有跟着人一起下地狱了。

佛教中有一个观点：万般带不去，唯有业随身。意思就是说当一个人死的时候，什么金银财宝、房子车子、妻子儿女等等，这些东西都是不可能带走的，但是有一样东西却一定会随着人走，那就是人一生积攒下来的罪业、恶行。其实这就是佛教中的因果报应、三世轮回的观点。也就是说有些作恶的人或许这辈子因为生命的消逝而没有受到上天降下的灾祸的烦扰，但是人还有下辈子，而这些灾祸就会全都跟着人到下辈子去。一个人在作恶之后，特别是积攒了很多的罪恶之后，肯定是会受到上天的惩罚的。当然了，这种惩罚其实也是可以分为明面上和暗地里的。

在明面上，一个人在犯下了滔天罪恶之后肯定是千夫所指，甚至世世代代都要受到世人的唾骂。其实可以想一下，当一个人在活着的时候，如果没有良好的品德，得罪了很多的人并且做出了很多的恶事，那么他死后就必然会受到咒骂指责。比如说秦桧，秦桧最大的一件恶事就是以莫须有的罪名害死了抗金英雄岳飞。结果怎么样呢？直到一千多年之后，人们提到他的时候还是要忍不住骂上几句，并且他的雕像现在还跪在岳飞的墓前。这就是他作恶多端所带来的后果，用声名狼藉、遗臭万年等词语评价他一点都没有错。一生作恶的人即使是死掉了，也是不可能得到好的下场的。

暗地里的惩罚就是下十八层地狱。佛教思想认为，一个人如果在活着的时候做了很多的恶事，并且还不知道悔改的话，那么死后也不会得到好下场，要下地狱去受苦。地狱可以理解成和我们现在生活的空间相同的另一个空间，地狱中则只有刀山剑树、油锅火海这些听起来都令人毛发倒竖的东西，作恶多端的人要去的地方就是地狱。

《华严经》中说："应观法界性，一切唯心造。"天堂和地狱，都是一心所造成的。比如做恶事，起恶心，这就会召来地狱。地狱本来无门，但因为一起恶心、一件恶事，地狱的大门就打开了。天堂也无路，但善心一起，通往天堂佛国的大道就铺好了。

下地狱是痛苦的，甚至都无法用语言来形容，因为那种痛苦早就超出了人类能够想象的范围。《西藏生死书》中有这样的一段话："如果我们断了一个胳膊，掉在了地上，我们能感受到身体撕心裂肺般的疼痛，但如果发生在地狱中，疼痛的不仅仅是身体，连掉在地上的胳膊也会疼痛，而且这个疼痛的倍数超出我们的想象范围。"

当然，或许会有人说，佛教不是说人死之后要进行轮回的吗？那么人下地狱之后不是就要轮回了吗？这也没什么好痛苦的。这样想就错了，轮回也不是说到了地狱就要轮回，而是要根据人活着的时候所犯的罪恶多少来看人要待在地狱的时间。只有在地狱中受苦，把所有的罪恶都抵消掉之

后，才有继续转世轮回的机会。

　　"虽圣贤佛菩萨，不能援引"意思就是说即使是圣贤的菩萨，也没办法解救那些在地狱中受苦的作恶多端的人。佛教确实讲究慈悲为怀，也确实有很多恶人最后在佛教中找到了归宿。但是，并不是所有的恶人都能够得到佛的青睐的。正所谓"佛度有缘人"，也就是说佛教看重的是缘，与佛教有缘的人，最后才能够皈依佛门。而与佛教无缘的恶人，最后也只能是在地狱中受苦，佛教是根本不可能解救他们的。总之，一个作恶多端的人，死后所受到的惩罚必定是让人无法接受的，谁也救不了他们。

"第三须发勇心……"

——要有勇猛心

【原典】

　　第三须发勇心。人不改过，多是因循①退缩。吾须奋然振作②，不用迟疑，不烦③等待。小者如芒④刺在肉，速与抉剔；大者如毒蛇啮（niè）指，速与斩除，无丝毫凝滞⑤。此风、雷之所以为"益"也。

【注释】

　　①因循：留恋，徘徊。

　　②振作：奋发。

　　③烦：急躁。

　　④芒：植物种子壳上的细刺。

　　⑤凝滞：粘滞，停止流动。

【译文】

　　第三，要有勇猛的心。人们没有改掉自己的过错，大多是因为在罪过面前徘徊退缩。我们必须奋发向前，不能迟疑，不能急躁，耐心改过。小的罪过如同针芒扎在身体上一样，要快速剔除；大的罪过就如同毒蛇咬到手指一般，要迅速将其斩断，不能有丝毫犹豫停滞。这就是《易经》中风雷之所以构成益卦的原因。

👉 主题阅读链接

改过需要一定的方法，同时也要有一个过程。之前了凡先生讲到了改正错误需要有羞耻心和敬畏心，在这段中要讲述的是改正错误过程的第三个阶段，那就是要有勇猛心。

勇猛心，在字面上很好理解，就是要有勇气，有一个坚定的信念。那么人为什么要有勇猛心呢？从平时的角度来讲，一个人做任何事情都是需要勇猛心的，如果没有勇气的话，任何事情都做不成。

很多事情，都需要有勇气去做才能找到正确的解决方法。举个例子来说，中国从古至今已经有几千年的历史，在这几千年当中，经过的各种改革已经有无数次了，无论是政治的、经济的，还是其他的，都需要有勇气才能进行得下去。因为改革实际上就是一种新势力新思想向旧势力旧思想的挑战。提倡改革的人有一个勇猛心，那么这个改革就会持续下去，就会成功。比如，当年汉武帝时期罢黜百家独尊儒术，因为改革者的强势和勇猛，这样的改革显然是成功了，要不然中国几千年的封建王朝怎么会都是以儒家思想为尊呢？如果提倡改革的人缺乏勇猛心，那么改革就必然会遭到失败。比如说戊戌变法，也就是百日维新，只进行了一百天就失败了，为什么？就是因为提倡变法的人最后还是没有勇气去彻底挑战封建王朝的旧势力和旧思想。

改错也需要有一定的勇气才可以。前面说过，改错要有羞耻心，因为羞耻心可以帮助人们发现自己的错误和过失；改错还要有敬畏心，因为对天地鬼神的敬畏可以督促人们抓紧去改正自己的错误，给人们的是改正错误的力量。但是，有了这些东西却并不能帮助人们行之有效地改过，所以才要有勇猛心，因为有了勇猛心之后，人们面对错误的时候才能够当机立断，才能够坚定地去改正自己的错误和过失。

了凡先生认为，"人不改过，多是因循退缩"，就是说人们不能彻底改掉自己的过错的真正的原因是在错误面前畏畏缩缩，企图得过且过，混过去就算了。比如说想尽办法遮盖和掩饰自己的错误、不承认自己所犯的错误。再有就是对于自己所犯的错误轻描淡写地提一下，故意不去理会，这些都是在错误面前畏缩的表现。这样的行为只能是加重自身的过错，根本不可能对改掉自身的错误有帮助。那么应该怎么办才能更好地改正自身的过错呢？"吾须奋然振作，不用迟疑，不烦等待。"这就是了凡先生的办法，意思就是说要有勇猛心，在面对错误的时候不能迟疑、不能疑惑，也不能犹豫不决，要立即下定决心去改正。

错误有大有小，小的错误可能只是让人受一点点的痛苦，大的错误可能会让人受到无尽的痛苦。但是，痛苦终究就是痛苦，最终都是作用在人

身上的，受苦的最终还是人们自己，因此只要是错误人们都必须去改正。在这里，了凡先生分别说明了小的错误和大的错误的解决方法。

了凡先生认为"小者如芒刺在肉，速与抉剔"。意思就是说小的错误就像扎进肉里面的刺一样，必须要尽快拔出去。没有人喜欢那种刺扎进肉里面的感觉，人们有时候犯了一点小的错误其实就和有刺扎进肉里是一样的，虽然它不会造成很大的危害，但是也会让人食不知味、寝食难安。所以说，肉扎进刺之后要第一时间拔出来，小的错误犯了之后也要在第一时间去改正。既然是要在第一时间去改正，那么就一定要有一颗勇猛心，否则的话肯定是不能在第一时间去改正的。

当人们发现自己犯了大的错误的时候，当机立断、毫不犹豫地去改正，一定不要放任自流。这样的勇猛心，其实是符合《易经》中的益卦的。益卦是《易经》六十四卦中的第四十二卦，别名叫作风雷益。原文是："利有攸往，利涉大川。"象曰："风雷，益。君子以见善则迁，见过则改。"益卦，上卦为巽，巽为风；下卦为震，震为雷，也就说明益卦所代表的是风云际会。了凡先生在这里举出了益卦的说法，就是告诫自己的子孙们在改正自己过错的时候，一定要像风雷交互的时候一样迅速、勇猛、坚决，这样才能够得到最好的效果。

"具是三心……"

——拥有三心，就能改过

【原典】

具①是三心，则有过斯改，如春冰遇日，何患②不消乎？然③人之过，有从事上改者，有从理上改者，有从心上改者。工夫④不同，效验⑤亦异。

【注释】

①具：具有，具备。

②患：担心，忧虑。

③然：然而。

④工夫：所付出的努力程度。

⑤效验：预期的效果。

【译文】

如果羞耻心、敬畏心、勇猛心这三种心都具备了，那么有过错就会及时改掉，就像春天的冰雪遇到太阳一样，还担心不能消除吗？然而人们所犯的过错，有的人从做错的事实本身改正，有的人从认识的道理中去改正，有人从自己的内心改正，每个人所付出的努力程度不同，所获得的效果自然不一样。

👉**主题阅读链接**

前面了凡先生讲述的都是改正错误的方法和过程，关于怎样去改错，了凡先生提出了自身需要满足的条件，那就是要有"三心"。"三心"就是羞耻心、敬畏心和勇猛心。了凡先生认为，只要是拥有三心，那么所有的错误都能改正。

了凡先生所说的三心，第一点是要有羞耻心。羞耻心有什么作用呢？有羞耻心的人能够知道做人应该自觉地进行自我反省，能够自觉地寻找和发现自身的错误，并且能够从维护自尊心的角度来促进一个人的进步。有羞耻心的人通常自尊心也是很强的。当这样的人发现自身犯了错误之后，就会在心里面感觉到羞耻，并且由于自尊心的强烈，他们总是认为犯错误是不应该的。有自尊心的人是不能容许自己犯一点点的错误的，因为这样的话就会显得自己不如别人。那么已经犯了错误和罪过要怎么办呢？最好是趁着别人都还没有发现的时候就去改正。因此，羞耻心是人们想要改正自己错误的一个必要的条件。

第二就是要有敬畏心，敬畏心指的是人们对于天地鬼神的敬畏。天地鬼神无处不在，人们无论做什么事情都要受到天地鬼神的监视的。这种监视可以看作是一种约束，因为当人们想到天地鬼神无时无刻都在监视着自己的时候，一定会约束自己尽量少去做恶事，少去犯错误和积攒恶行。大家都知道，善有善报，恶有恶报，善良的人，上天会赐给他福报。因此，当人们心中敬畏天地鬼神的时候，一旦做错了一件事情，心里一定会想到上天惩罚的残酷，就会后悔，也会抓紧去弥补和改正自己所犯的错误。或者说当人们将要犯错误时，突然之间想到了天地鬼神的惩罚，于是就不敢去犯错误了。

第三就是要有勇猛心，因为只有生出了勇猛心之后，人们才能够在改错的时候不拖延，不犹豫，快刀斩乱麻。其实，在人们有了羞耻心和敬畏心之后，自然而然地就能够产生勇猛心。为什么这么说呢？孟子曾经说过："知耻而后勇"，人们在对自己所犯的错误和罪过感到羞耻之后，就必然会产生改变的勇气。所以说，勇猛心也是想要改变自己的错误的时候不能够缺少的。

了凡先生认为，只要这三心全都齐备了，就一定能够产生一股强大的力量去改变自身的错误。为此，了凡先生还特意举了一个例子来形容：错误和罪过遇到了三心就好像春天的冰块遇到了阳光的照射一样，不用担心冰块不能够融化，当然也就不用担心错误不能够解决了。春天的时候冰块被阳光照射，只要温度够高，冰块融化只是时间的问题。而拥有三心的人也是一样的，这样的人想要改正自身的过错也是轻而易举的。

改正自身过错所需要的必要条件都已经具备了，那么接下来要做的当然就是去改正自己的过错了。当然了，每个人改正自身错误的时候所用的具体方式是各有不同的。总的来说，人们改正错误的具体方式主要有三大类：一种是从自己所做的事情本身去进行改错，一种是从和事情有关系的情理方面去改过，还有就是从自己的内心开始改过。

了凡先生认为，既然改正自己的过错所用的方法不同，那么在改错的过程中所下的功夫当然就是不一样的。功夫下得程度不同，那么最后改错所得到的结果自然就是不同的，结果不同就说明自己改正错误的程度是不同的，那么最后人们内心所能够达到的境界也自然是不同的。

"如前日杀生……"
——从事情上改过

【原典】

如前日杀生，今戒①不杀，前日怒詈，今戒不怒，此就其事而改之者也。强制②于外，其难百倍，且病根终在，东灭西生，非究竟③廓然之道也。

善改过者，未禁其事，先明其理。如过在杀生，即思曰：上帝好生，物皆恋命，杀彼养己，岂能自安？且彼之杀也，既受屠割，复入鼎镬④，种种痛苦，彻入骨髓。己之养也，珍膏⑤罗列，食过即空，疏食菜羹，尽可充腹，何必戕⑥彼之生，损己之福哉？又思血气之属⑦，皆含灵知，既有灵知，皆我一体，纵不能躬修至德，使之尊我亲我，岂可日戕物命，使之仇我憾⑧我于无穷也？一思及此，将有对食伤心，不能下咽者矣。

【注释】

①戒：戒除。

②制：限定，约束，管束。

③究竟：到底。

④鼎镬（huò）：鼎和镬是古代的两种烹饪器。

⑤珍膏：珍贵肥美的食物。

⑥戕：残害。

⑦属：类。

⑧憾：怨恨，不满意。

【译文】

比如，以前杀生，现在就戒除不再杀生了；以前生气责骂别人，如今也都戒除，不再轻易生气。这就是将所犯的过错事实本身改正过来。从事实本身上去改过，那是通过外部力量的限制来改过，这样改过的难度很大，而且病根也无法消除。即便是这边改掉了，那边又重新出现，不是从根本上改掉过错的办法。

善于改正自己过错的人，并不是从事实本身上去改，他会先弄明白自己做错的原因。譬如想改杀生的过错，就要想着：上天有好生之德，世间万物都眷恋自己的生命，杀害别的生命来养活自己，内心怎么能安心呢？况且当牲畜被宰杀时，既要受到宰割之痛，还要再忍受被锅鼎烧煮的痛苦，这些的痛苦，都深深地穿透到骨髓里面。为了滋养自己的生命，尽情地享受各种珍贵肥美的食物，却没想过吃过这些美味以后，所有吃过的东西也都化为乌有，一切都是空。吃一些素食菜羹也能充饥止渴，为什么非要残害动物的生命来充饥，去损害自己今生该得的福报呢？再仔细想想，凡是有血肉、有气息的生命，它们都具有灵气和感觉，和我们人类一样。纵使我们不能培养出至高的德行，使它们尊敬我们，亲近我们，但怎么可以天天杀害它们的生命，让它们无穷无尽地怨恨我们呢？一想到这里，看到饭桌上的血肉之食，我便十分痛心，吃到嘴里的食物便无法下咽。

☞**主题阅读链接**

　　改正自己的过错的具体方式分为从事情上改错、从情理上改错和从自己的内心改错三种方式。从事情上改错，这个应该是很好理解的，就是针对某些自己所做的错误的事情去改正，强制改掉这些错误，也强迫自己不再犯这些错误。当然这也只是针对事情本身，不去考虑别的相关的东西。就比如说抽烟是不好的，所以就不再抽烟了，强制自己去戒烟，不会去在乎为什么抽烟是不好的，只需要知道应该把抽烟这个不好的习惯戒掉就好。这个就是从事情上改错，因为它针对的只是单纯的一件事情。

　　了凡先生举了两个例子来说明这个问题。比如，有的人杀生，残害那些无辜的动物，但是后来明白这种做法是错误的，所以就强迫自己不再去杀生，不再去杀害那些无辜的动物，强制自己改掉这样的坏习惯，最后终于做到了不再杀动物这一点，至此坏习惯就改掉了，改错也算结束了；再有就是以前喜欢生气，喜欢对别人莫名其妙地发脾气，后来知道这个习惯是不好的、是错误的，所以就强迫自己乐观一点，看开一点，把自己的心胸放宽一点，遇到事情强迫自己不要发脾气，这样喜欢生气的毛病也算是改正掉了。这些其实都是从事情上改过。

　　从事情上改错只是针对单一的事情而言的，只要认为一件事情是错误的，那么就要积极地去改正，并且强迫自己去改正。这一点和佛教之中的戒律什么的差不多。大家都知道佛教讲究的是"持戒"，就是说有很多的事情作为出家人是不能够去做的，比如说佛教中有酒戒，要求所有的僧人都不喝酒，这就是强制的，僧人们只需要知道喝酒是一件错误的事情，出家人是不能去做的。就算出家之前喝酒，出家之后也不能再喝了，只要按照这个要求去做就可以了，这就属于从事情上改过。再有佛教的荤戒、色戒也都是一样的道理。

　　虽然从结果上看，从事情上面改正自己的错误也是达到了自己最终的目的，那就是改掉了自己的错误，但是这样的方法并不好。因为从事情上改正自身的错误都是强迫的，也就是说有时候并不是自己心甘情愿的。单单只是针对某件事情的改错，并不一定是人本身认为这件事情就是错误的，只是迫于外界的压力，迫于很多人思想上的压力，所以才去改正。也就是说从事情上去改正自己的错误并不一定是自愿的，很可能是由于受到某种压力而不得已为之的办法。

比如有人以前喜欢喝酒，但是可能由于现在得了什么疾病导致自己不能喝酒了，于是就戒酒了。在这种情况下，就不能说这个人不喜欢喝酒，也不能说这个人认为喝酒是错误的，只是由于自己的疾病导致自己不能再喝酒了，所以才把酒戒掉。如果有一天这个人的病好了的话，他可能还会喝酒。从这里可以看出，从事情上改正自己的错误，达到的效果是非常有限的，这是一个治标不治本的方法。

从事情上改过只是从外部通过强制性的手段来阻止了恶行的发生，却没有去找恶行之所以发生的根本原因。只要恶根还在，那么这样的恶事恶行早晚还会发生，所以可以说这根本就没有把错误彻底地改正，只是改正了一时而已。只有把错误改正的同时能保证以后不会再去犯同样的错误，这样才能算作是真正的改正了错误。因为如果以后不犯同样的过错的话，就说明已经解决了错误产生的根源，这样才能真正说自己改正了错误。但是，从事情本身去努力改正自己的错误，只是解决了表面上的错误，对于错误产生的根源等根本就没有任何的解决。从事情上去改正自己的错误，并不是最好的方法，只能算作是一个最基本改过的行为，用这样的方法，也只能是事倍功半。

"如前日好怒……"

——持戒，必有福报

【原典】

如前日好怒，必思曰：人有不及，情所宜矜①，悖②理相干，于我何与？本无可怒者。

【注释】

①矜（jīn）：同情，怜悯。

②悖（bèi）：违背常理，错误的。

【译文】

譬如以前喜欢生气，就要想着：每个人都有不足之处，从情理上来说，这都是可以原谅和同情的；倘若别人有悖于常理，不小心冒犯了我，那是他自己的过失，跟我有什么关系呢？这本来就没有什么好生气的。

☞**主题阅读链接**

在这段中，了凡先生还是在讲述从道理上来改变自己的错误，但是这段是以戒怒为例子来说明的。

如果是从事情本身上来看，想改掉容易发怒这个毛病，那是很简单的，就是强迫自己去控制自己的脾气，控制住自己保证自己在任何情况下都不要生气和发怒。但是这样做是很难的，更何况如果长期有气发不出来憋坏了怎么办呢？所以说从事情上改变发怒这个毛病是不可取的，在这段中了凡先生才讲述在道理上改变容易发怒这个毛病。

　　读过《三国演义》的人可能会注意到，刘备死后，诸葛亮好像没有大的作为了，不像刘备在世时那样运筹帷幄，满腹经纶，锋芒毕露了。在刘备这样的明君手下，诸葛亮是不用担心受猜忌的，并且刘备也离不开他，因此他可以尽力发挥自己的才华，辅助刘备，打下一片江山，三分天下而有其一。刘备死后，阿斗即位。刘备在白帝城托孤时当着群臣的面对诸葛亮说："如果这小子可以辅助，就好好扶助他；如果他不是当君主的材料，你就自立为君算了。"诸葛亮顿时冒了虚汗，手足无措，哭着跪拜于地说："臣怎么能不竭尽全力，尽忠贞之节，一直到死而不松懈呢？"说完，叩头直至流血。

　　刘备再仁义，也不至于把江山让给诸葛亮，他说让诸葛亮为君，怎么知道没有杀诸葛亮的心思呢？因此，诸葛亮一方面行事谨慎，鞠躬尽瘁，一方面则常年征战在外，以防授人"挟制"的把柄。而且他锋芒大有收敛，故意显示自己老而无用，以免祸及自身。这是韬晦之计，收敛锋芒是诸葛亮的大聪明。

　　不露锋芒，可能永远得不到重任；锋芒太露却易招人陷害。你施展自己的才华时，也就埋下了危机的种子。虽容易取得暂时成功，却为自己掘好了坟墓。所以才华显露要适可而止。

　　在为人处世中，深藏你的拿手绝技，你才可永为人师。因此你演示妙术时，必须讲究策略，不可把你的看家本领都和盘托出，这样你才可长享盛名，使别人永远唯你是从。在指导或帮助那些有求于你的人时，你应激发他们对你的崇拜心理，要点点滴滴地展示你的造诣。含蓄节制乃生存与制胜的法宝，在重要事情上尤其如此。

"枪打出头鸟"这个道理相信大多数人都明白，锋芒毕露可能会招致自身毁灭，所以，做人要灵活，不该出头别出头。

仔细观察周围一些有人缘的人你会发现，他们与锋芒毕露的做法完全相反。他们"和光同尘"，毫无棱角，言语如此，行动也是一样。个个深藏不露，表面上看好像他们都是庸才，其实他们的才能，颇有出于你之上者；好像个个都很讷言，其实其中颇有善辩者；好像个个都无大志，其实颇有雄才大略而不愿久居人下者。但是他们却不肯在言谈举止上露锋芒，不肯做出众人物。

有句俗话说得好：人怕出名，猪怕壮。因为他们有所顾忌，言语露锋芒，便很容易得罪旁人，得罪旁人便成为自己前进的阻力，成为自己成功的破坏者。行动露锋芒，便要招惹旁人的妒忌，旁人妒忌也将成为你的阻力，成为你的破坏者。如果你的四周都是你的阻力或你的破坏者，你的立足点就会被推翻，哪里还能实现你的目的呢？

有些人往往狂妄自大，树敌太多，与同事朋友之间不能水乳交融地相处，究其原因就是因为在语言表达上、行为举止上锋芒太露，以至影响到他人。言语、行为之所以锋芒太露，是急于求知于人的缘故，这也是遭人妒忌的最大原因。

当然，采取这样的办法是不是就永远没有人知晓了呢？其实，只要一有表现自己才能的机会，你把握住这个机会，并做出过人的成绩来，大家自然就会知道你，赞赏你。这种表现本领的机会不怕没有，只怕把握不住，只怕做出的成绩不能令人特别满意。你如果已经具有真实的本领，就要留意表现的机会，如果还没有真实的本领，就要赶快准备。

《易经》上说："君子藏器于身，待时而动。"无此器难办，有此器不患无此时。锋芒对于人来说，有的是害处，而好处却很小。这种锋芒好比是额头上长出的角，额上生角必然容易触伤别人，如果你不去想办法磨平自己的角，时间久了别人也会去折你的角，角一旦被折，其伤害也就太大了。

"又思天下无自是之豪杰……"
——有什么好生气的

【原典】

又思天下无自是之豪杰，亦无尤人之学问。行有不得，皆己之德未修，感未至也。吾悉①以自反，则谤毁②之来，皆磨炼玉成③之地，我将欢然受赐，何怒之有？

【注释】

①悉：都。

②谤毁：诽谤诋毁。

③玉成：成全。

【译文】

又想到天下没有自以为是的英雄豪杰，也没有使人心生怨恨的学问，如果有无法称心如意的事情，那都是因为自己的德行修养还不够，还没有做到能够感动上天的地步。这些我都应该自我反省，别人对我的诽谤和诋毁，都是对我人生的磨炼和成全，我应该愉快地接受这些赐教，有什么好生气的呢？

☞**主题阅读链接**

一个真正超越红尘琐碎的开悟者，第一要做到的是，面对一切误解、攻击、诋毁、赞誉都能够做到以开放的心态坦然承受。古人道"无云生岭上，有月落波心"，那就叫"不畏红尘遮望眼，月轮穿沼水无痕"。

当你不再抱怨的时候，虽然现实还是那些现实，但是你的生活却开始进入了一个崭新的状态。更重要的是，不抱怨的心态，对于一个人的生活有着积极的推动作用——对于不抱怨的人来说，生活中根本就不存在什么让人伤心欲绝的痛苦，因为他们即便是处在难过和灾难之中也总能及时地找到心灵的慰藉。

正如在黑暗的天空中，总能或多或少地看见一丝光亮一样，具有不抱怨心态的人，眼里总是闪烁着愉快的光芒，总是显得欢快、达观、朝气蓬勃——虽说也会有心烦意乱的时候，但不同于别人的就是他能够愉快地接受这些烦恼，既没有忧伤也有没哀怨，然后从容地拾起生命道路上的花朵继续奋勇前行。可以说，具有不抱怨心态的人，无论什么时候都能够感到光明、美丽和幸福的生活就在身边。他们眼里流露出来的光彩会使整个世界都流光溢彩，从而把寒冷变成温暖、把痛苦变成舒适。

英国作家萨克雷有这样一句名言："生活是一面镜子，你对它笑，它就对你笑；你对它哭，它也对你哭。"如果我们不再抱怨了，那么我们就能够时刻看到生活中光明的一面——即使是在伸手不见五指的夜里，也知道星星仍在闪烁，从而帮助我们有效地摆脱烦恼的侵袭，进而真正地拥有整个世界。

真正有学问的人，都是宽容谦逊的。他们可以为了学问而放弃自己的所谓的自尊等东西，不会因为一些事情对别人心生怨恨，也不会睚眦必报。面对别人的时候都是心态平和的，根本就不会发怒或是生气。中国有无数的圣贤经典，但从没有哪一本是教人批评别人的，因为在中国的文化体系里面没有自以为是和怨天尤人的学问。遇到不顺利的事情，反求自身，这是中国的传统教育，是古人的做法。其实现代也有这样的例子，比如，有些老师在面对学生的时候，即使是那个学生再怎么学习不好，再怎么教都教不会，他们也不会生气，只是会想尽办法去把自己的知识传授给学生，不会因为学生学不会就发怒生气而不教，这就属于真正有学问的人。当然了，这样的人在品德上自然也是高尚的。

普通人之所以好怒易生气，其实是自身的德行修为不够，再加上自己不够谦逊的原因。在日常生活中，每个人都可能面临过别人的指责，这时候，可能很多人就发怒了，就生气了，这其实是很正常的一种行为。但这种在我们看来正常的行为是错误的。如果有别人指责你的话，那只能说明你身上有让人不满意或者是不足的地方，可能是做事情的方法不对，也可能是自身的德行修为不够。所以，这时候，人们一定要虚心接受别人的指责，把这个当成是一种指点和教育，这样有时候会找到正确的做事情的方法，有时候能够提升自己的德行。

另外，别人的诽谤和诋毁也并不一定是坏事，因为这样的诽谤和诋毁能够让人们找到自身不足的地方，也能够磨炼一个人，帮助一个人成长。别人的诋毁和诽谤可以帮助一个人找到自身的缺点和不足，知道了自己的缺点和不足之后人们当然要去改正。一个人能够改变自身的错误和不足，他的命运和人生就会变得更加完美，这不就是说人改变了自己的命运吗？

我们中国人都讲究以德服人，就是说想要让别人对自己服气的话，就要从自己的道德品德上下手，努力修行，努力提升自己的道德品德，这样才会让别人对你产生敬佩，最后才会让别人感觉到服气。而不是说通过自己那很大的脾气来吓人，让别人害怕自己，这样是不能让别人服气的。所以说，当人感觉自己要发怒和生气的时候，要马上停下来反省一下自己，看看是不是自己某方面的不足才导致自己生气和发怒的。只要能够不断地提升自己的道德品德，到最后不但会让别人敬佩你，就连自己的脾气也一定会得到收敛，一定不会再好怒和生气了。

"又闻谤而不怒……"
——避免与人争辩

【原典】

又闻谤而不怒，虽谗焰①薰天②，如举火焚空，终将自息。闻谤而怒，虽巧心力辩，如春蚕作茧，自取缠绵③。怒不惟无益，且有害也。其余种种过恶，皆当据理思之，此理既④明，过将自止。

【注释】

①谗焰：指谗毁他人的气焰。

②薰天：形容势炽。

③缠绵：缠绕，束缚。

④既：已经。

【译文】

听到别人诽谤自己的话而不生气，即便那些诋毁我的坏话像火焰熏天一样炽热，就如举着火把朝天，焚烧着虚无的太空，最终也会自己熄灭。听到別人诽谤自己而生气，倘若花尽心思努力为自己辩解，就如同春蚕吐丝作茧，自己反而会被束缚。况且生气对自己不仅没有好处，反而对自己有害。其他各种过错和罪恶，都应该根据正确的道理来思考。如果能明白这个道理，过错自然就会停止。

👉主题阅读链接

假如有人诋毁和诽谤我们的话怎么办呢？这个时候人们一定要镇定，不要生气，也不要发怒，更不要着急着去辩解或者是反驳。只要做到了打不还手、骂不还口的境界，不去想那些东西，时间一长，那些诽谤和诋毁自然也就自己消失了，无论诽谤和诋毁多么的严重结果都是一样的。这就好比是有人拿着火把想要焚烧天空一样，最后的结果肯定是火把自己熄灭，而天空依然还是那个天空。

大家都知道，火把要燃烧起来，需要两个必要的条件，那就是可燃物和空气。没有空气，火把就不会燃烧起来；没有可燃物的话，就算燃烧着的火把也会自动熄灭。当一个人拿着点燃着的火把对着天空的时候，这种情况下空气自然是不缺少的，但是也不是说这样就能够用火把把天空焚烧掉的，因为还缺少另一个重要的条件，那就是可燃物。

嘴巴，可以是吐放剧毒的蝎子，令人生畏远避，也可以像柔软香洁的花苑，散发清和喜悦，为人间邀来翩翩的彩蝶。留一张口，说赞美的言辞，赞美天地，赞美所有的人……赞美，像雨后的彩虹，黑夜的萤火，虽然是惊鸿一瞥，却是久久的激荡回味！《法句经·言语品》上说："誉恶恶所誉，是二俱为恶。好以口快斗，是后皆无安。"《吉祥经》也说："言谈悦人心，是为最吉祥。"

人的脸上，有两个眼睛，两个耳朵，两个鼻孔，却只有一张嘴巴，这奇妙的组合，蕴涵着很深的意义，就是告诫人们要多听，多看，少说。

《伊索寓言》中有句名言："世界上最好的东西是舌头，最坏的东西还是舌头。"中国还有句谚语：背后骂我的人怕我，当面夸我的人看不起我。因此，人要懂得"祸从口出"的道理，管住自己的舌头。

范雎在卫国见到秦王，尽管秦王求教再三，他都沉默不语；诸葛亮在荆州，刘琦也是多次请教，诸葛亮同样再三不肯说。最后到了偏僻的一座阁楼上，去了楼梯，范雎和诸葛亮才分别对秦王和刘琦指示今后方向，所以历史上的"去梯言"，就表示慎言的意思。

东晋时代的王献之，一日偕同两个哥哥王徽之、王操之一起去拜访东晋当代名人谢安。徽之、操之二人放言高论，目空四海，只有献之三言二语，不肯多说。三人告辞以后，有人问谢安，王家三兄弟谁优谁劣？谢安淡淡说道：慎言最好！

现代的人喜欢信口雌黄，好谈论是非，大放厥词，说三道四，谬发议论。有时候，甚至危言耸听、标新立异、故弄玄虚、轻口薄言、冷语冰人。说话如剑，到处制造口业，让人感到世间上，唯哑巴是最慎言的人，也是最不造作口业的人。

有人喜欢饶舌，但也有人习惯于慎言。饶舌的人常常会吃亏，慎言的人，不容易受到伤害。

语言是一把双刃剑，当我们兴冲冲地去对别人说三道四时，我们自己本身也会受到伤害，只是我们自己没有发现而已。学习掌管好自己的舌头吧，不要让它任意妄为。如果你喜欢在言辞上与别人争斗，你永远也得不到安宁；管好自己的嘴，你就能管好自己的生活。

"何谓从心而改……"
——从心里面改正自己的过错

【原典】

何谓从心而改？过有千端①，惟心所造，吾心不动，过安从生？学者②于好色、好名、好货、好怒，种种诸过，不必逐类寻求，但当一心为善，正念现前，邪念自然污染③不上。如太阳当空，魍魉④潜消⑤，此精一之真传也。过由心造，亦由心改，如斩毒树，直断其根，奚必枝枝而伐⑥，叶叶而摘哉？

【注释】

①端：方面，原因。

②学者：追求学问的人。

③污染：指受坏思想的影响。

④魍魉（wǎng liǎng）：古代传说中的山川精怪。

⑤潜消：暗中消除。

⑥伐：砍伐。

【译文】

什么叫从内心改掉过错呢？人们所犯的错误有千万种原因，都是从自己的内心产生的。如果我们的心不动任何念头，那么过错怎么会产生呢？追求学问的人明白对于爱好美色，喜爱名利，贪爱财物，喜欢发怒等种种过错，不需要一类一类地寻找改过的方法，只要能够保持一心向善，保持自己正直的观念，自然就不会被邪念所影响。就像炽热的太阳悬挂在天空，所有山精妖怪都会消失不见一样，这便是改过最精华、最有效的诀窍。过错是由自己的内心所产生的，也应该从内心来改正。就如同要铲除一棵毒树，要直接砍断它的根部，何必要一根枝条一根枝条地去砍伐，一片叶子一片叶子地去摘除呢？

☞**主题阅读链接**

从这一段开始，了凡先生开始讲述从心里面改正自己的过错。

我们首先要明白一点，那就是一切错误产生的根源都在于自己的内心，甚至不单单是错误，可以说是人们所做的一切事情都是源于一个人自己的内心。只要人活在这个世界上，就很难不犯错误。

了凡先生认为，人在这个世界上所能犯下的过错是多种多样的，但是所有的原因都在于人的内心。所有过错的发生，都是因为人们在心中产生了妄念，正是在妄念的支配之下，人们才做出一些错误的事情或者是行为。可以理解为先有思想之后才会有行动。如果在人们的心中没有产生妄念的话，那在人们的身上就根本不会产生过错。

中国有一句古话叫作"相由心生，相随心改"，意思就是说人们表现在表象上的行为都是因为在内心中产生了这样的东西，而人们外表形象的改变也是由于内心的转变才得以实现的。在佛教的典籍中也有这样的说法。《般若经》五百六十八卷中就有"一切法，心为善导，若能知心，悉知众法，种种世法皆由心"这样的说法；《华严经》中也有"应观法界性"，就是十法界依正庄严，性就是本体，体即是"一切唯心所造"这样的说法。其实重点就是这句"一切唯心所造"。既然是所有的错误都是由于自己的内心产生了妄念才造成的，那么想要改掉自身的过错就需要保持自己的内心清净。只要人能够做到内心清净，什么都不想，那么就不会产生妄念，自然也就不会再去犯错误了。

了凡先生举了几个例子来说明。了凡先生首先以读书人作为例子，认为有的读书人可能有爱好美色、徒好虚名、贪财慕利、好怒易生气等等各种各样的错误，对于这些错误，了凡先生认为根本不用一项一项地去改正，只要能够一心一意地去做善事，使自己的内心清净，然后等光明正大的念头在心头涌现，到时候妄念自然就不会在人们的心里面再产生了，这些错误自然也就不会再去犯。

关于从心里面改正自己的错误的好处，了凡先生又做了一个比喻："如太阳当空，魑魅潜消"，意思就是说当太阳出现在天空的时候，所有的妖魔鬼怪都要消失。人们内心的妄念和所犯的错误就好比是妖魔鬼怪，而从心里面去改正自己所犯的错误就好比是阳光，阳光一出现，妖魔鬼怪自然就会消失。从心里面消除了内心的妄念，人当然也就不会再去犯错误了。

了凡先生还将错误比作一棵有毒的树，人们想要彻底地掐断它的毒性，就必然要把毒树连根拔起，这样断了大树的根本，使得毒树没有办法生存，那么毒树的毒性自然也就会消失。但是如果只是摘下毒树的叶子或是砍下毒树的树杈，就算砍得再多也没有意义，因为只要毒树还在，这些东西还是会长出来的。也就是说，解决自身所犯的错误，从心里面解决之后就能够保证自己以后再也不会犯错误了。如果只是从事情上一点一点地去解决自己所犯的错误，那么只要心中妄念还在，错误就会连续不断地发生，也就相当于没有改掉自身的任何错误。

从心里面改正自己的错误，是所有改过方法中最根本、最直接、最圆满的方法，是最高的境界。

"大抵最上治心……"
——从心改过是最高明的方法

【原典】

大抵①最上②治心，当下清净，才③动即觉④，觉之即无⑤。

【注释】

①大抵：大概。

②最上：这里指最高明的办法。

③才：刚刚。

④觉：觉察。

⑤无：消失。

【译文】

大概最高明的改过方法，就是从自己的内心改正过错，当时就能使内心变得清净。心里刚刚出现一个恶念，立刻就能察觉出来，察觉之后便能立即打消这个念头。

☞**主题阅读链接**

在这段中，了凡先生给了一个明确的说法，那就是从心里面改正自己的过错才是最高明的方法。

首先我们看从事情上去改正自己的错误的方法。如果用这种方法的话，就需要人们每天都反省自己都犯下了什么样的错误，找到错在哪里了，然后再强制自己改掉那些错误的地方。这样想到一个就强制自己改正一个，麻烦不说，还有可能由于自己强制改掉了这个错误而忘记了再去改掉另一个错误，同时，这也是对一个人精力的一种严重的浪费。所以，从事情上改过这种方法其实是不可取的。

再看一下从道理上改正自身过错的方法。如果要从道理上改错的话，那就要等到发现自身犯了错误之后，然后在自己的心里面认真地进行反省、推理和分析，找到自身究竟为什么会犯错，然后在心里面从道理上来说服自己，让自己以后再也不去犯同样的错误。

但是这里面还是有一个问题，那就是就算从道理上改变自身所犯的错误很简单，也不用消耗多少精力，但是毕竟也要等到犯了错误之后才能进行，有一种亡羊补牢的感觉。如果这个错误能改掉的话还好说，如果是一个改不掉的错误呢？比如说杀了一个人，就算人们在事后能够把"杀人是错误的"这个道理全部都想明白，并保证以后自己再也不去杀人了，但被杀掉的那个人会重新活过来吗？所以说，从道理上改错虽然说在某种程度上是一个十分好的办法，但依然只是治标不治本。

从心里面去改变自己的错误就不需要那么麻烦了，既然所有的错误都是由于自己的内心产生了妄念，那么只要人们能够把心中的妄念一一地去除，不就什么事情都没有了？这样做，既不需要强力地约束自己不能去做某些事情，也不用耗费精力分析这样或者那样的道理，简单而且方便。最重要的是，这是从源头上掐断了人们可能去犯错误的根本，不仅能够改掉已经犯过的错误，还可以防止以后再犯错误。所以说，在这三种方法中，从心里面去改变自身的错误是最好的方法。因此，真正善于改掉自身的错误的人，是不会一一地改变自己所犯过的错误的，而是让自己的内心时刻保持纯净的状态，保证自己的内心中不会生出妄念，做到心中无恶，那么在平常的生活中自然就不会做恶事和犯错误了。

"才动即觉，觉之即无"这句话的意思是每当人在心里面产生了恶念和妄念的时候，人们能够立刻察觉出来，然后马上让这种念头消失，这样过错自然就不能够产生了。这句话说的还是从心里面改正自己过错的好处，也相当于再一次强调从心里面改正自己的过错才是最正确的改错的方法。"才动即觉"，这里的"动"指的是心动，心动就是人的心里面产生了妄念。一旦人们在心里面产生了妄念，那么人们的内心也就不再清净了；一旦人们的内心不清净，那么就有可能产生各种各样的想法，包括善念和恶念。前面我们讲过"一切唯心所造"的理论，就是说人们的所有恶行都是因为人们的内心不清净了或者是说人们的心里面产生了妄念。妄念在心里面产生的话，就说明一个人有可能要犯错误。

那么，怎样才能够保持自己的内心不产生妄念呢？一旦受到了外部世界的影响，人在内心里面必然会产生这样或者那样的念头，这说明想要一个人的心里面永远都不产生妄念是不可能的。想要摒除妄念，必须处处留神，一旦心中产生妄念，就应该马上觉察。

妄念并不是洪水猛兽，虽然察觉到得晚的话很可能会让人遭受很大的损失甚至酿成祸端，但是只要察觉得够早，是不会有任何问题的。这就需要人们时刻都要保持着内心的敏感性，只要能够在妄念形成的最初时间就察觉到，然后立刻在心里面将刚产生的妄念去除和扼杀，这样就不会去犯错，也不会作恶，造恶业了。正是因为人们可以在第一时间察觉到妄念产生并将其扼杀在萌芽之中，了凡先生在这里才会说"觉之即无"。

当然，从心里面去改正自己的错误是十分艰难的，毕竟妄念这种东西可以算作是人们最初、最原始的欲望在作祟，它有时候根本就不受人的控制。但是不可否认，也正是因为艰难，所以从心里面改正自己的错误才能成为人们改过的最高境界。

"苟未能然……"

——是恶是善在自己

【原典】

苟①未能然，须明理以遣之。又未能然，须随事以禁之。以上事而兼行下功，未为失策。执下而昧②上，则拙③矣。

【注释】

①苟：如果，假使。

②昧：糊涂，头脑不清。

③拙：愚蠢。

【译文】

如果做不到这种境界，就必须明白其中的道理，以此来打消自己邪恶的念头。如果连这样也还是做不到，那就必须在作恶时，用强制的手段禁止自己犯错。用高明的从心止恶的方式，再加上理解改过的道理和禁止自己作恶这两种不高明的方式，不能说这不是一个好的办法。如果只知道不高明的办法，而对上乘的方法不清楚，那便是愚蠢的。

☞**主题阅读链接**

了凡先生已经把改正自身错误的三种方法做了对比，在看过了凡先生的分析之后，我们就会发现结果高下立判、一目了然，最好的方法就是从心里面改正自己的错误，差一点的就是从道理上改正自己的错误，最笨的办法当然就是从事情上改正自己。

晋代周处，字子隐，义举阳羡人。他的父亲周鲂曾经担任太守之职，但在周处少年时就不幸去世。所以，周处从小便失去了父教。他二十岁时就臂力过人，喜爱骑马射箭，四处打猎。他不拘细节，性情凶悍粗鲁，恣意而为，简直成了乡中的一害。乡亲们都十分怕他，总是躲得远远的，不愿跟他交往。

久而久之，周处也知道自己为乡亲们所憎恶，便有了悔改之意。他见父老乡亲们大多愁眉不展、闷闷不乐，心里觉得奇怪，便问他们："如今天下太平，再加上风调雨顺、五谷丰登，事事都如人意，为什么你们还郁郁寡欢呢？"父老们回答道："现今地方上三害未除，哪里能快乐得起来啊！"周处问道："是哪三害？"父老答道："南山上的白额猛虎随意伤人，为一害；长桥下的河中蛟龙，常伤人畜，又是一害；至于第三害——"说到此处，父老们有些犹豫，但还是直说了出来："恐怕要算是你了。"周处听罢此言，沉默良久。经过考虑后，他决然说道："这三害我都能除去！"父老们欣然说道："你如果真能除去这三害，那么真是我们地方上的一大幸事！"

周处毅然孤身深入山中。他搜寻到白额猛虎，与它一番拼搏，终于杀死了这只伤人性命的猛兽。接着，他又奋身投入水中，去搏杀那条蛟龙。这条蛟龙与白额虎相比，其凶猛真是有过之而无不及。它在水中或沉或浮，一连三天三夜，毫不知倦。而周处比蛟龙更勇敢，他紧紧跟随蛟龙，与之恶战了三天三夜。最后，蛟龙不敌周处，被周处奋力斩杀，血染河中。

周处三天三夜不归，宜兴的父老乡亲们都以为他已经死了。想到地方上一下子三害俱去，从此可以太平无事，父老乡亲们都高兴地互相庆贺。这时，周处正好归来，立即明白自己被大家痛恨到了何种地步，顿时大受刺激，这也使他更加坚定了改过自新、重新做人的决心。

既然决心已定，他就毫不迟疑，准备立即付诸行动。他了解到吴中大将陆逊的孙子陆机、陆云很有才学，便专程跑到吴县去拜访，愿拜他们为师。这时陆机正好不在家中，周处便拜见陆云，将自己的情况如实相告，然后问陆云道："我很想改过自新，但是年纪已经大了，不知是否来得及？"陆云鼓励周处道："古人贵朝闻夕改，君前途尚可。且患志之不立，何忧名之不彰！"

陆云的这番话对周处是极大的鼓励和教育。

从此，周处刻苦读书，好学上进。同时，他十分注意自身修养，养成了良好的品德。仅一年，他的名声就大大不同以往，以至州、府的官员都连连举荐他出来做官。

此后，周处为官三十余年，一直做到新平、广汉太守，散骑常侍和御史中丞。在任时，他克己奉公，很有政绩。如在新平任太守时，他与少数民族相处得很好；当广汉太守时，他为官清廉，处理了不少数十年留存下来的积案；当御史中丞后，他秉公执法，不阿附权贵，即使是皇亲国戚，他也不肯徇私。周处的刚正不阿，自然为恶势力所不容。

后来，少数民族首领齐万年造反，朝中权贵痛恨周处的刚正不阿，都想乘机加害于他，便故意推荐他，说："周处是名将后代，派他去征讨，一定错不了！"伏波将军孙秀知道那些朝臣们的险恶用心，便规劝周处道："你家中有老母在堂，可以以此为由，向朝廷推掉这个差使。"周处却坚定地说道："忠孝岂能两全，既然辞别亲人，服务于朝廷，父母亲哪里还能把儿子仅仅当作自己的私有之物呢！"

这时候，梁王司马彤任征西大将军，总管关中军事。周处知道司马彤一定会趁机报复，因此抱定死念毫不退缩，仍然奋勇前去作战。司马彤果然挟嫌报复，故意不给援兵。周处率众奋战，从早晨打到晚上，弓断箭尽。众人劝周处退兵，周处慷慨陈词，不许稍退，斩敌首以万计，终于英勇战死，以身殉国。

许多犯错之人，总是以为别人对自己的成见太深，而自己的错误缺点又一时改正不了，因此就破罐子破摔，彻底断绝了自己的退路。通过周处的事迹我们可以看到，一个人犯了错误不要紧，即使犯过很多错误也不要紧，只要能够真正做到幡然醒悟，能够正视自己的错误，勇于改过自新，用自己的实际行动去弥补过去的错误，为受到伤害的人们做一些善事，真正做到弃恶从善，同样能够获得大家的原谅和赞赏。

"顾发愿改过……"

——矜则无功，悔能减过

【原典】

顾发愿改过，明须良朋提醒，幽须鬼神证明；一心忏悔，昼夜不懈，经一七、二七，以至一月、二月、三月，必有效验。或觉心神恬旷，或觉智慧顿开，或处冗沓①而触念皆通，或遇怨仇而回瞋②作喜，或梦吐黑物，或梦往圣先贤提携接引③，或梦飞步太虚④，或梦幢⑤幡⑥宝盖，种种胜事⑦，皆过消罪灭之象也。然不得执此自高，画而不进。

【注释】

①冗沓：繁杂。

②瞋：怒，生气。

③接引：佛教称佛、菩萨引导众生进入西方极乐世界为接引。

④太虚：宇宙，太空。

⑤幢（chuáng）：又叫宝幢、天幢、法幢，是一种圆桶状的、表达胜利和吉祥之意的旗帜。

⑥幡：旗帜。

⑦胜事：美好的事情。

【译文】

于是发愿改过，外在需要贤良的朋友监督提醒，内在需要鬼神来做证明。一心一意虔心悔过，白天或夜晚都不能懈怠，经过七天、十四天，甚至一个月，两个月，三个月，一定会有效果和验证。有时候会觉得心神淡泊旷达，有时候觉得聪明才智一下子都涌现出来，有时候身处繁杂的事情当中，所有想法也都能变得清楚明白。有时候遇到以前结的冤家仇人，竟然也能将怨恨转为欣喜，有时候梦见将肚子里的污秽之物全吐了出来，或者会梦见古圣先贤对自己进行提携和引导。有时候梦见飞向太空漫步，有时候梦见庄严的旗帜和镶满宝物的伞盖，这些所有种种美好的事物，都是罪过消除的象征。但是也不能因为碰到这些好征兆，就自以为了不起，而阻断了再上进、再努力的途径。

☞**主题阅读链接**

在这段中，了凡先生主要讲述的是一个人改正错误之后的效果和反应。内心清净了，什么事情都想得明白和清楚，也能够消除自身所有的罪业。

首先，了凡先生在这里对改正自身过错的条件做了一个补充。在前面了凡先生讲述了改正自身的过错需要的三个条件，即羞耻心、敬畏心和勇猛心；同时，了凡先生也指出了改正自身所犯的错误的三个方法，那就是从事情上改过、从道理上改过和从心里面改过。但是，了凡先生说的这些，都可以算作是改正过错所需要的内部的条件，即人们想要改正过错自身应该满足的条件。在改正自身的过错这个问题上，只是具备了内部的条件是不够的，同时还应该具备外部条件。而了凡先生在这里补充的就是改正自身过错应该具备的外部条件，那就是"明须良朋提醒，幽须鬼神证明"。

在这个世界上，有很多事情根本不是单单一个人能够完成的，而是需要很多人的分工、合作来共同完成，比如说改正自身的过错这件事，改正自身的错误从来就不是一件简单的事情。举一个简单的例子，比如说一个人把别人家的墙推倒了，这应该算是一个错误，那么想要改正这个错误应该怎么办

呢？最直接的办法应该就是给人家重新砌上一堵墙，这问题就来了，砌墙这种事是一个人能够完成的吗？要是一米两米的墙也就算了，要是长一点的呢？一个人根本就不能够完成。如果是需要急用的，就肯定需要别人的帮助。所以说，改正自身的错误有时候是离不开别人帮助的。

"昔蘧伯玉……"

——君子注重改过

【原典】

昔蘧（qú）伯玉，当二十岁时，已觉前日之非，而尽改之矣。至二十一岁，乃知前之所改，未尽也。及二十二岁，回视①二十一岁，犹在梦中。岁复一岁，递递②改之，行年③五十，而犹知四十九年之非。古人改过之学如此。吾辈身为凡流，过恶猬集④，而回思往事，常若不见其有过者，心粗而眼翳也。

【注释】

①回视：回顾，回头看。

②递递：连续。

③行年：指当时的年龄。

④猬集：事情繁多，像刺猬的硬刺那样丛聚，比喻众多。

【译文】

从前卫国贤大夫蘧伯玉刚二十岁时，就已经能够察觉出以往所犯的过错，并且全部改正。到了二十一岁，才知道以前的过错未完全改掉。到他二十二岁，回头查看二十一岁时自己所做的事，感觉好像还在梦中一样，年复一年，连续不断地改正过失。等他到了五十岁的时候，仍然还清楚自己四十九岁那年尚未改正的过失。古人改过的态度就是如此。像我们这种凡夫俗子，做过的恶事太多，当我们回想往事的时候，却常常看不见自己做过的错事，粗心大意，就像得了眼病一样看不清楚自己的过失。

☞主题阅读链接

了凡先生以古代的一个圣贤之人、卫国的大夫蘧伯玉改过的事情为例子，来说明古代的人十分重视修行和改正自身所犯的错误，也说明古代人对于改过那种坚定的信念，同时也是用这个例子来勉励他的儿子，教育他的儿子应该持之以恒地改正自身的错误。

蘧伯玉，名瑗，伯玉是他的字。蘧伯玉是春秋时期卫国的大夫，共经历了卫献公、卫襄公和卫灵公三朝，在当时是以贤德之名闻名于诸侯的。同时，他还是孔子的弟子，据说他品德高尚，做人光明磊落。蘧伯玉死后谥号成子。关于蘧伯玉品德高尚这件事情，孔子就曾经称赞过蘧伯玉是真正的君子。据说孔子在周游列国走投无路的时候，曾经数次投奔过蘧伯玉，他称赞蘧伯玉是真正的君子："君王有道，则出仕辅政治国；君王无道，则心怀正气，归隐山林。"

关于蘧伯玉善于改过并且拥有很高的自我改正精神这件事情，在《论语》中就有记载：

"蘧伯玉使人于孔子，孔子与之坐而问焉，曰：'夫子何为？'对曰：'夫子欲寡其过而未能也。'使者出，子曰：'使乎！使乎！'"这句话是说有一天，蘧伯玉派人来拜望孔子，孔子向来人询问蘧伯玉的近况，来人回答说："他正设法减少自己的缺点，可却苦于做不到。"来人走后，孔子对弟子说："这是了解蘧伯玉的人啊。"其实这句话就已经充分表明了蘧伯玉的自我反省精神。

在这段中，了凡先生举出了蘧伯玉改正自身错误的几个具体例子：蘧伯玉刚二十岁时，就已经能够察觉到以往所犯的过错，并且全部改正。到了二十一岁，才知道以前的过错未完全改掉。到他二十二岁，回头查看二十一岁时自己所做的事，感觉好像还在梦中一样，年复一年，连续不断地改正过失。等他到了五十岁的时候，仍然还清楚地记得自己四十九岁那年尚未改正的过失。

在这段中，我们应该发现了，蘧伯玉先生最开始改正自身所犯错误的时候，他的年龄只有二十岁。一个人在二十岁的时候就能够察觉到自己所犯的错误，并且能够改正自身所犯的错误，确实非常难得。

蘧伯玉每天都改过，坚持了几十年，一直到去世，每一年下来，他都觉得自己以前所改不如意，不彻底，天天在用功。了凡先生讲述蘧伯玉的事情，也是为了让他的儿子向蘧伯玉学习改正过错的方法和坚持不懈的精神。

讲完了古代圣贤之人改正自身过错的方法和精神，了凡先生又用凡夫俗子和圣贤之人做了一个对比。首先要说明的一点是凡夫俗子和圣贤之人在出生的时候情况都是一样的，人人都可以成为尧舜，但是随着时间的推移，有的人成为了尧舜、孔孟那样的圣贤之人，更多的人却变成了凡夫俗子。这是由多个方面的原因所造成的，其中也包括有没有改过的精神、能不能改正自身的过错这个原因。

前面了凡先生讲述了圣贤之人能够改正自身所犯的错误，但是凡夫俗子呢？凡夫俗子身上的过错可能像刺猬身上的刺一样，到处都是，但是自己却

根本就发现不了，即使是静下心来自我反省，也由于心粗的原因而对自身的错误视而不见。所以说，凡夫俗子想要改正自身的错误就必须要有很高的智慧、长远的目光，同时也要细心，不能粗心大意，否则不要说改正自身的过错，即使是想发现自身所犯的错误也是不可能的。

"然人之过恶深重者……"

——做人，罪孽不可深重

【原典】

然人之过恶深重者，亦有效验①：或心神昏塞②，转头即忘；或无事而常烦恼；或见君子而赧（nǎn）然消沮；或闻正论③而不乐；或施惠而人反怨；或夜梦颠倒，甚则妄言失志。皆作孽之相也。苟④一类此，即须奋发⑤，舍旧图新，幸⑥勿自误。

【注释】

①效验：征兆。

②昏塞：昏庸闭塞。

③正论：正确合理的言论。

④苟：如果，假使。

⑤奋发：振作精神。

⑥幸：希望。

【译文】

然而凡是罪孽深重的人，也会有一些征兆：有的人心神昏庸闭塞，失志健忘；有的人即便是没有什么事情，也时常烦恼；有的人遇见品德高尚的人却显出羞愧的样子，并且很沮丧；有的人听到圣贤之道却显得不高兴；有的人施加恩惠给别人，反而遭到别人的抱怨；有的人夜里会做一些颠倒是非的噩梦，更有甚者因此语无伦次，精神失常。这些都是过去造的罪孽而表现出来的现象。如果出现这一类情况，你就应该振作精神，舍弃过去不好的行为，改过自新，希望你千万不要耽误了自己的前程。

☞主题阅读链接

当人们改错到了一定的程度，就会出现某种预兆或者说是反应，其实当人们的罪业达到一定程度的时候，也能够在现实生活中表现出来的。而这段中讲述的就是罪业深重的人可能会发生的一些现象。

当人们在做了某些事情的时候，总会在外部发生某种特别的状况，即使是再隐秘的事情，都会有一些比较特别的情况发生，就像是犯了无论多么隐秘的罪。到最后都会被绳之以法一样。其实自身所犯的错误也是一样的，不管是多么隐秘的错误，到最后肯定都是可以被人们发现的，因为人们在犯了错误之后常常会出现一些特别的现象或者是举动，而这些现象和举动一定能够帮助自身找到所犯的错误。那么人们在犯了过错产生了罪业之后究竟会有哪些举动或者是特别的表现呢？了凡先生在这里列举了几种。比如了凡先生列举出来的"或心神昏塞，转头即忘；或无事而常烦恼；或见君子而赧然相沮；或闻正论而不乐；或施惠而人反怨；或夜梦颠倒，甚则妄言失志"；等等这些情况，就全都是人们自身犯了错误之后可能会产生的表现。比如说"无事而常烦恼"，本来是没有什么事情的，那为什么还会产生烦恼呢？这就是人们的内心中有了妄念的缘故。人们心中有了妄念之后，因为过于执着而不能放弃，所以才会感觉到烦恼，而这样的妄念其实就是人们犯了过错有罪业的表现。

了凡先生在这里总结了一下，人们之所以会有这些列举出来的情况或者表现发生，最重要的原因就是人们罪业深重。

了凡先生告诫他的儿子，平时生活中一定要细心观察、仔细地反思和检查自己，看看是不是有之前说的那些情况发生。如果有的话，那么就说明自身犯了某些错误了，就一定要把自身所犯的错误找出来，然后去改正，这样做才是最正确的方法。如果发现了那些情况，但是却不努力地去改正自身的错误，那一定会耽误自己前程的。

所谓"良医治未病"，所有的病症最好都是在没有发生的时候就要预防。错误这种东西更是这样，虽然说人们自身所犯的所有过错都可以在人们的努力忏悔之下改正，但这毕竟是亡羊补牢。如果人们在没有犯错误的时候就一直保持住内心的清净，就能够保证自己不去犯错误。

第三篇　积善之方

　　"积善之方"是了凡第三训。主要通过事例,就积善的意义和方式提出自己的看法。从中我们可以明白:行善可以加持自己的人生。除了通过个人努力外,还可以通过积善的方式美满人生、福泽后世。这一训,体现出"善有善报"的积极思想。

"《易》曰……"

——做人要有几分菩萨心肠

【原典】

《易》①曰："积善之家，必有余庆。"昔颜氏将以女妻叔梁纥②，而历叙其祖宗积德之长，逆知③其子孙必有兴者。孔子称舜之大孝曰："宗庙飨④之，子孙保之。"皆至论也，试以往事征⑤之。

【注释】

①《易》：指《易经》。

②叔梁纥（hé）：春秋时期鲁国大夫，孔子的父亲。

③逆知：预言。

④飨：这里指祭祀。

⑤征：证明。

【译文】

《易经》上说："经常积德行善的家庭，一定会得到很多福分和喜庆的事。"古时候颜氏把女儿嫁给了孔子的父亲叔梁纥，只是因为打听到他的先祖曾经积德行善，从而预言他的子孙中一定会出现出人头地的人。孔子也称赞舜的大孝说："舜将来一定会得到子孙们在宗庙的祭祀，子孙也会兴旺的。"以上的论断都是正确的。可以试着用古时候的事情来证明。

☞**主题阅读链接**

"积善之家有余庆"在《易经》中的详细表述是："积善之家，必有余庆；

积不善之家，必有余殃。"这句话明确论述了福祸的发生与积德行善行为之间的关系。

古人认为，人们所经历的和将要发生的福祸都与人们的所作所为有着很密切的关系。无论是福还是祸，都不会无缘无故降临到人们的身上，所谓"善恶到头终有报，不是不报，时候未到"。一个人积德行善必然会带来天大的福气，恶贯满盈也自然会导致天大灾祸的降临。即使福祸没有降临在自己的身上，也会在子孙后代身上出现。

从某种意义上说，一个人要是心肠坏了，他就会成为一个"祸害"，这样的人往往以害人始，以害己终。古往今来，概莫能外。所以大师说："世间往往都能容忍一个人有缺陷或过错，就是不能容忍一个人有一副'坏心肠'。某人说话难听，或者做错了事，人们会说'这人心肠不坏'、'这人无恶意'，言下之意无意之举是可以容忍的。我们也会常常听到这样的话：某人说某人有多好，要是有人说'这人心肠不好'，不管这个做了多少好事，只要'心肠不好'，就一下子对这个人全否定了——好事也会是动机不纯。"

其实，做人有个"好心肠"是人们最普遍、最朴素的是非观，这也迎合了佛家慈悲为怀的理念。那么，慈悲能给我们的人生带来什么呢？

有一天深夜，一对夫妇来到一家旅馆住店，可遗憾的是房间已经满员了。当时，不仅时间已经很晚了，而且外面还下着大雪，怎么办呢？前台的服务员面对这个局面似乎显得很为难。就在这对夫妇要转身离去的时候，其中的一名服务员叫住了这对夫妇："二位请留步，如果你们不嫌弃的话，你们今晚可以住在我的房间里，今夜正好是我值夜班。"

"那太好了！"这对夫妇的脸上马上露出了舒心的笑容。

这位善良的服务员马上把自己的房间腾出来，换好干净的床单、枕头，收拾好后让这对夫妇睡下了，而他自己却趴在柜台上睡了一夜。

老夫妇俩很感动，认为这个青年人很不错，在离开的时候，这对夫妇只对这个年轻人说了这样一句话："我们看你的善良能使你有足够的能力管理更大的一所旅馆。"

原来，这对夫妇是有名的富豪，他们膝下无子，于是这个服务员就做了

他们家的接班人。

这就是善良给人带来的奇遇，这位服务员凭借着自己的善良，在无意中改变了自己的一生。所以，当你在面对他人的时候，站在你面前的，不论是个不名一文的乞丐，还是个腰缠万贯的富豪；也不论他是个不懂世事的孩童，还是德高望重的老者，对他们都要持有一颗慈善的心，给人一个微笑，帮人一个小忙……在这些充满善意的行动中，往往就是一个人走向幸福的开始。

善行，是幸福的敲门砖，善良可以换得人生的幸福。佛家总是劝人为善，这就是在引导人们走向幸福之路。你有多少善，你就会有多大福气。

在很多人的潜意识里，善良往往被当成容易被人欺负的根源，因此，很多人藏起自己的善良，拿出一份恶来保护自己。失去善良，这是人生中最严重的缺失，因为无论一个人多么有才华，要是他没有慈善的心，他无论如何也不会成为一个幸福的人。只有心存善念，做善事，说不定幸福就会从天上掉下来。在这个世界上，更多人是喜欢善良、崇尚善良、向往善良的。只有心存善良才能获得和平、愉快，只有拥有善良才会有幸福。

"杨少师荣……"

——多怀慈悲心，一切皆美好

【原典】

杨少师荣，建宁人，世以济渡①为生。久雨溪涨，横流冲毁民居，溺死者顺流而下。他舟皆捞取货物，独少师曾祖及祖惟救人，而货物一无所取，乡人嗤②其愚。逮少师父生，家渐裕，有神人化为道者，语之曰："汝祖、父有阴功，子孙当贵显，宜葬某地。"遂依其所指而窆③之，即今白兔坟也。后生少师，弱冠④登第，位至三公⑤，加曾祖、祖、父如其官。子孙贵盛，至今尚多贤者。

【注释】

①济渡：摆渡。

②嗤（chī）：嘲笑。

③窆（biǎn）：埋葬。

④弱冠：古代男子二十岁即为弱冠。

⑤登第：指古代科举中进士。

⑥三公：指古代地位最高的三个官职，一般指官位显赫。

【译文】

建宁人少师杨荣，祖祖辈辈都是靠摆渡为生的。有一次，一连下了很多天的大雨，使得河水上涨。当河水冲毁房屋的时候，有淹死的人顺着河流漂下。别的船只都只顾着捞取从上游漂下来的货物，只有杨荣的曾祖父和祖父在打捞落水的人，没有捞取一点货物，同乡的人都嘲笑他们愚蠢。等到杨荣的父亲出生的时候，他们家渐渐富裕了起来。有一个神仙化身成为一个老道对杨荣的父亲说："你的祖父和父亲积德行善，有阴功，子孙当尊贵显赫。应该把他们埋葬在某个地方。"杨荣的父亲依照老神仙的指示把杨荣的曾祖父和祖父埋葬了，就是现在的白兔坟。后来生了杨荣，杨荣在二十岁就中了进士，做官一直做到三公的位置。他的曾祖父、祖父、父亲也都被追封了和他一样的官职。而杨荣的子孙也都尊贵兴盛，一直到现在都有很多贤能的人。

☞ 主题阅读链接

在日常生活中，我们经常听说这样的禅语："出家人以慈悲为怀"，"放下屠刀立地成佛"，"救人一命，胜造七级浮屠"，这些禅语无不体现佛家的大慈大悲之心，用来普度和感化着世人。

佛陀降生于古印度，成道后，四处游化，阐释着人生的真理，广说佛法之要，教化了无数的弟子。他就像是慈父，也如同黑暗中的一盏明灯！

这一天，佛陀亲自巡视弟子的房间，看见一位比丘躺在床上，于是问道："你的身体是否安好，心中是否有烦恼？"这位比丘很想向佛陀恭敬地礼拜，于是努力地想撑起身子，但是因为疲惫不堪，所以根本无法起身。

佛陀见状，慈悯地来到比丘身旁慰问："你怎么病得这么重，却无人照顾呢？"比丘说："出家至今，我生性懒散，看见病人也不曾细心照料、关怀他人，所以自己生病了，也就没有人愿意前来关心，我真是感到惭愧啊！"

佛陀听完后，便亲自清理比丘的排泄秽物，把比丘的房间打扫得干干净净。

这时帝释天看到佛陀的慈心，也前来用水洗浴比丘的身体，而佛陀也以手轻轻地抚摸比丘。顿时，比丘身心安稳、全身舒畅，一切苦痛顿时化为清凉。佛陀这时对比丘说："你出家至今甚为放逸，不知勤求出离生死、解脱烦恼，所以才会身染疾苦，希望你从今天起，要精进用功。"比丘听后，便至诚地向佛陀顶礼忏悔："佛啊！承蒙您的探望与庇佑，如果不是伟光普耀、慈悲接受，恐怕弟子早已身亡，轮回六道了。弟子从今日起，一定会发大心，上求佛道，普度群迷。"比丘真心忏悔并且精勤于道，后来即得证阿罗汉果。

佛法大乘菩萨道的精神，就是为利益一切众生有所作为，处处牺牲自我，成就他人，应如是布施，应万缘放下，利益他人的身心。这才是生命的最高道德，也是宗教最闪耀的情怀，是世间最美丽的心灵。

了凡先生在这里提到的杨荣，按照史书记载，应该指的就是明朝明成祖永乐年间的内阁首辅。无论是中国古代或者是现代，能力出众的人有很多，为什么能当上大官的只有那么几个？为什么又只有杨荣当上了明成祖的内阁首辅呢？了凡先生认为，凡是位极人臣的人，都要依靠阴德。一个内阁首辅祖上所积累的阴德，绝对要比一个县官祖上积累的阴德要多很多倍。或许，这个县官能力要比内阁首辅强很多，但这些都不会使一个七品芝麻官转变成一个朝廷的内阁首辅。杨荣能当上明成祖的内阁首辅，不仅仅是因为杨荣的才德优秀、能力出众，很大一部分原因是杨荣的祖祖辈辈积德行善，是他们所积攒下的阴德最终把杨荣送上了内阁首辅的位置。了凡先生通过一件事情充分说明了杨荣的祖上把积德行善放在了首位。

文中说杨荣的家住在建宁，祖祖辈辈都是靠摆渡来维持生计的。由此可见，杨荣祖辈的家境并不富裕，甚至只能说是勉强度日，都是穷人。一次，一连多日的大雨使得河水暴涨，冲毁了民房，淹死的人和各种金银财物顺着河流漂下。财物既然已经顺着河流漂下，说明这些财物已经是无主之物了，不再属于任何人。无论是古代还是现代，唾手可得的无主财物对于穷苦人家的百姓来说，都是具有莫大吸引力的。当时的人们也是这么做的，大家纷纷捞取从上游漂下来的财物。但是也不是全部，杨荣的曾祖父和祖父就是例外。他们没有捞取任何财物，只打捞那些从上游顺流漂下来、也许还有生存希望的人。当时其他人还嘲笑他们愚蠢。

如果没有祖辈所积累的阴德，杨荣是不可能登上显贵的位置的。先人怀一颗慈悲之心，播下一颗慈悲的种子，后人才可享用丰硕的果实。

"鄞人杨自惩……"

——用自己的慈悲之心去感化他人

【原典】

鄞人杨自惩，初为县吏，存心仁厚，守法公平。时县宰严肃，偶挞①一囚，血流满前，而怒犹未息。杨跪而宽解之，宰曰："怎奈此人越法悖理，不由人不怒！"自惩叩首曰："'上失其道，民散久矣，如得其情，哀矜②勿喜。'喜且不可，而况怒乎？"宰为之霁颜。

【注释】

①挞（tà）：鞭打。

②哀矜：怜悯。

【译文】

浙江鄞县人杨自惩，最初在县衙里做一名小小的官吏。他宅心仁厚，为人守法公平，铁面无私。有一次，县令鞭打一个犯了罪的人，打得那人满脸是血，县令还是怒气冲冲的，不见一点消散。杨自惩见到这种情况就跪下劝解县令不要再生气了。县令说："这个人干了违法犯罪的事情，怎么能不让人愤怒！"杨自惩一边磕头一边说："朝廷中已经没有什么道义、公理可言了，政治一片黑暗、贪污、腐败，人心散失已经很久了。审问犯人要是审出真实情况，应该替他们伤心，可怜他们的不明事理，不应该因为审出了案情就高兴。高兴都不可，更何况是生气发怒呢？"县令听了杨自惩的话后，觉得很有道理，就慢慢息怒，变得和颜悦色起来。

☞ 主题阅读链接

这一段故事主要讲述的是杨自惩不忍心见到囚犯遭到县令的毒打，下跪求情并劝说县令。杨自惩在县衙里只是一个小吏，换句话说杨自惩只是一个小人物，他是吏，但不是官。

在中国古代，吏指的是官府中的青吏或差役和没有品级的官员或吏卒；而官一般都是指有品级、有权力的人，拿到现在来说，一般都是指职务里带"长"的人。换句话说，当官的就是坐在那里指挥别人干活的，动动嘴就行；而小吏就是专门跑腿打杂的，负责干活的人。在中国古代，封建社会的社会阶层等级制度是十分森严的，杨自惩这种连官都不是的人在县衙根本就没什么地位，从整个故事的内容来看，杨自惩就是一个看守牢房或者犯人的衙役，顶多就是个牢头。

"存心仁厚，守法公平。"这说的是杨自惩的性格。杨自惩是一个爱护别人，宅心仁厚的好人，有同情心和慈悲之心。同时他又是一个公正无私的人，让人敬佩。

行菩萨道的人，心都慈悲，有怜悯众生、成就一切众生的善行善愿，才会有福报，所以佛家以慈悲为怀。

弘一大师李叔同就是这样的一个人，他始终以慈悲为怀。一次，他在丰子恺家里，丰子恺请他坐在藤椅上。他先是把藤椅轻轻地摇一摇，然后再慢慢地坐下去，每次都是如此。丰子恺开始不敢问，后来实在忍不住了，就斗胆去问弘一大师。大师回答说："在这椅子里头，藤与藤之间也许有小虫子，如果突然坐下去，会把它们压死的。所以先摇动一下，再慢慢地坐下去，好让它们能够躲避。"对蝼蚁尚且还有怜悯恻隐之心，何况人乎？

由此可见，弘一大师的个人修为是多么高深。对于众生，以慈悲为怀，用自己的慈悲心肠去感化他人，是道德高尚之人的一致做法。

三国时的王烈就用自己的慈悲之心感化了一位盗牛人，使他从此弃恶从善。

三国时北海人王烈，只是一个普通的读书人，并没有做官，但在老百姓当中却具有很高的威望。

有一个人偷了别人的一头牛，被失主捉住了。盗牛的说："我一时鬼迷心窍，偷了你的牛，今后绝不再干这种事。现在，随便你怎样处罚都行，只求你不要让王烈知道了。"

有人把这件事告诉了王烈，王烈立即托人赠给盗牛人一匹布。

有人问王烈："一个做贼的人，很怕你知道，你反而送布给他，这是什么道理呀？"

王烈说："做了贼而不愿意让我知道，这说明他有羞耻之心。既然知道羞耻，就不难转变，我送布给他，就是为了激励他改过从善。"

一年以后，有一天，一位老人挑着重担，正在艰难地赶路，忽然遇见一个人，对他说："你的年纪大了，挑这样重的担子，怎么受得了呀？我来替您挑吧！"

这个人帮助老人挑着担子走了数十里，到了老人家门口，把担子放下，不告诉姓名就走了。后来，还是这位老人，在赶路时丢失了一把宝剑，被一位过路人发现了。为了避免让人任意取走，过路人便留下来看守，等待失主。待老人去寻剑时，发现那位守剑的人，正好又是上次替他挑担子的人。

那老人十分感动，拉住他的手说："你上回代我挑担，连姓名也不肯告诉我，现在你又路不拾遗，坐等失主，你真是个仁人君子啊！这一次，你一定要把姓名告诉我才是。"那人只好把姓名告诉了老人。老人听后，心想：地方上出了这样一位好心人，应当让王烈知道。于是便去告诉王烈。王烈听后，很受感动。他说："惭愧啊！世上有这样好的人，我却没和他见过面。"随即设法打听，原来竟是从前的那位盗牛人。王烈不禁大吃一惊，十分激动地说："一个人受了感化以后，改过从善的程度真是不可限量啊！"

面对犯错之人，我们怎样对待他呢？是严厉制裁，还是以慈悲为怀，给他改过自新的机会呢？对于犯错之人，我们应该以慈悲之怀包容他，那么他就会为自己的行为感到羞愧，就会后悔，在此种情况下，他会对理解他的人心怀感激，从而痛下决心，洗心革面，重新做好人，行善事。这样，人世间便少了一个坏人，多了一个好人。有这样的好事，我们为什么不去做呢？

"家甚贫……"
——施舍别人就是做自己的功德

【原典】

家甚贫，馈遗①一无所取。遇囚人乏粮，常多方以济之。一日，有新囚数人待哺，家又缺米。给囚则家人无食，自顾则囚人堪悯②。与其妇商之，妇曰："囚从何来？"曰："自杭而来，沿路忍饥，菜色可掬。"因撤己之米，煮粥以食囚。后生二子，长曰守陈，次曰守址，为南北吏部侍郎③。长孙为刑部侍郎，次孙为四川廉宪④。又俱为名臣。今楚亭、德政，亦其裔也。

【注释】

①馈遗：馈赠，赠予，赠送。

②悯：可怜。

③侍郎：官名，相当于现在的部长、副部长级别。

④廉宪：官名，廉访使的俗称。

【译文】

杨自惩的家里十分清贫，但是对于别人的财物他从来不贪恋，别人赠送他的东西他也从来都不收取。但是每次遇到缺少粮食吃的犯人，他总会想方设法救济他们。有一天，又有好多名新来的犯人没有粮食吃，挨饿了。杨自

惩想要救济他们，可是他自己家里也没有存粮了。如果把粮食给新来的囚犯们吃，那么他自己和家人就没有粮食吃了。如果把粮食留给自己吃，又觉得囚犯们实在是太可怜了。于是杨自惩和他的妻子商量。他的妻子问他："那些囚犯是从哪里来的？"杨自惩回答说："是从杭州来的，一路上都是挨饿过来的，现在脸上已没有一点血色了，像是又青又黄的菜一样，几乎用手就可以捧起来。"于是夫妻两个就把自己吃的米煮成粥送给那些囚犯吃了。后来他们生了两个儿子，大儿子叫杨守陈，二儿子叫杨守址，做官一直做到了南北吏部侍郎的位置。他们的大孙子做到了刑部侍郎，二孙子也做到了四川廉访使，都是一代名臣。现在的名人楚亭和德政，也都是杨自惩的后代。

👉主题阅读链接

杨自惩还做了很多善事。他不忍心看到囚犯没饭吃，就宁可自己和妻子饿着也要把米留着让给没有饭吃的囚犯。

杨自惩的家里很穷，也就勉强能保证个温饱。但是，别人送的东西他却什么都不收。要知道，杨自惩是主要负责看管犯人的小吏。犯人也有父母亲人，他们的亲人也希望他们能少受点苦，所以就免不了给这些距离犯人最近的小吏们好处，但是杨自惩就是不收。也许有人会问，既然家中如此窘迫，这样做又是何苦呢？要知道，杨自惩怎么说也是政府职员，若接受别人馈赠，那不就是受贿了？杨自惩不接受别人的馈赠，这是他的气节操守所在，与家境无关。

　　杨自惩虽然家穷，但是他总是记得救济别人。就连囚犯缺粮了，他都会想办法去救济他们。无论是古代还是现代，普通人对粮食都是特别看重的。特别是在古代，统治阶级的剥削本来就严重，一般人家肯定不愿分给其他人吃，更何况还是囚犯。杨自惩家中已经到了揭不开锅的地步了，但当他看到罪犯断粮的时候，依然拿出了家中仅有的一点儿米。他拿出了他们家全部的积蓄，这说明了什么？说明他爱别人比爱自己更深！一个人为善，关键看他的存心，在如此艰难的条件下，依然能够坚持善念而不懈怠，这个功德不可思议，真是难能可贵！

　　而且，杨自惩在把自己家的口粮让给囚犯的时候，并不是自己私自决定的，而是和家里的妻子商量并且得到妻子支持的，这说明杨自惩的妻子也是一个善良的人。

　　杨自惩为善虔诚，用心积累阴德，数十年如一日，那最后得到的结果又是什么呢？杨自惩有两个儿子，大儿子杨守陈和小儿子杨守址，他的这两个儿子都当过明代的吏部侍郎，在明代是朝廷正三品。杨自惩的两个孙子，大孙子是刑部侍郎，也是朝廷三品大员；小孙子是四川廉宪，在明代也是正三品。明代的杨楚亭和杨德政这两位朝廷大员，从家谱上面去查找，也是杨自惩的后代。

"昔正统间……"

——善待他人，就是善待自己

【原典】

　　昔正统①间，邓茂七倡乱②于福建，士民从贼者甚众。朝廷起鄞县张都宪③楷南征，以计擒贼。后委布政司④谢都事，搜杀东路贼党。谢求贼中党附册籍，凡不附贼者，密授以白布小旗，约兵至日，插旗门首，戒⑤军兵无妄杀，全活万人。后谢之子迁，中状元，为宰辅。孙丕，复中探花。

【注释】

①正统：这里指明朝明英宗朱祁镇的年号。

②倡乱：带头作乱。

③都宪：明朝时期都察院、都御史的别称。

④布政司：全称为承宣布政使司，是明代的地方行政机关。

⑤戒：禁止。

【译文】

以前在明英宗正统年间的时候，有一个叫邓茂七的人在福建带头造反，有很多读书人和老百姓都跟着他一起作乱，于是朝廷就命令曾经当过都宪的鄞县人张楷去福建剿灭反贼，张楷用计策抓住了反贼头领邓茂七。

后来，张楷又派了福建当地的谢都事去搜捕剩余的乱党，搜到之后就地格杀。谢都事不想乱杀无辜，于是他想办法找到了反贼的名册，凡是没有在名册中留下姓名的，就暗中发给他们一个白布旗子，并且和他们约定等到大军到来的时候把旗子插在门口以示清白，谢都事同时禁止士兵乱杀无辜。最后，他用这种方式保住了一万多人的性命。

后来，谢都事的儿子谢迁，在科举中考中了状元，当官当到内阁首辅；他的孙子谢丕，后来也考中了探花。

👉主题阅读链接

《优婆塞戒经·自他庄严品》中说："别人对我有一点点恩德，就应想着怎样大大地回报他。对怨恨自己的人，要总是怀着善心。"中国有句处世之道的古话叫"与人为善"，是说人不论到什么时候，都要以善的一面对待别人。与人为善是人际交往中一种高尚的品德，是智者心灵深处的一种沟通，是仁者个人内心世界里一片广阔的视野。它可以为自己创造一个宽松和谐的人际环境，使自己有一个发展个性和创造力的自由天地，并享受到一种施惠与人的快乐，从而有助于个人的身心健康。

与人为善并不是为了得到回报，而是为了让自己活得更快乐。与人为善其实极易做到，它并不要你刻意去做，只要有一颗平常心就行了。

有一次，猴子、狐狸、兔子在一起玩。正玩得高兴的时候，突然看见一个饿得快要发昏的旅者拖着疲惫的脚步走了过来。

这三个动物都很可怜他，就四处为他寻找食物。结果，猴子和狐狸都找回了很多吃的，只有兔子两手空空的回来了。于是，兔子跃身跳入火中，将自己的身体献给旅者当食物。就在这时，旅者化为佛陀，感动于兔子那种舍己为人的慈悲心，而把它送入月亮的世界，以后才有兔子住在月宫的传说。

这个故事，彰显了精神的施与比物质的施与更令人尊重，强调不在其奉献的是什么，而在其如何去奉献。

在日常生活中，芸芸众生无非是想丰富自己的生活，实现自己的价值。而这所有的一切，归根到底，都来自于你是否善待他人。与人为善不仅给你财富，还使你拥有被他人喜爱的充实感。孟子曾经说过："君子莫大乎与人为善。"善待他人是人们在寻求成功的过程中应该遵守的一条基本准则。在当今这样一个需要合作的社会中，人与人之间更是一种互动的关系。只有我们去善待别人、帮助别人，才能处理好人际关系，从而获得他人的愉快合作。那些慷慨付出、不求回报的人，往往更容易获得成功。

现实生活中，有些人不讨人喜欢，甚至四面楚歌，主要原因不是大家故意和他们过不去，而是他们在与人相处时总是自以为是，对别人随意指责，百般挑剔，人为地造成矛盾。"只要人人都献出一点爱，世界就会变成美好的人间"……有了这样的情操，我们的行动就有了指南，人生杠杆就有了支点。市场经济，红尘滚滚，似乎地位、金钱、利益决定一切。于是有的人便认为与人为善的精神已变得陈旧而失去了光泽。其实，人们需要善良，世界需要善良，你自己也需要善良，善待他人就是善待自己。只要处处与人为善，严以责己，宽以待人，就能建立与人和睦相处的基础，就能求得长远的财富。

在很多时候，你怎么对待别人，别人就会怎么对待你。我国有句古语说得好：授人玫瑰，手留余香。这就是教育人们要待人如待己，在你困难的时候，你的善行会延伸出另一个善行。

"莆田林氏……"
——爱别人，才有人爱自己

【原典】

莆田林氏，先世有老母好善，常作粉团①施人，求取即与之，无倦色。一仙化为道人，每旦②索食六七团，母日日与之，终三年如一日，乃知其诚也，因谓之曰："吾食汝三年粉团，何以报汝？府后有一地，葬之，子孙官爵，有一升麻子之数。"其子依所点葬之。初世即有九人登第，累代簪缨③甚盛，福建有"无林不开榜"之谣④。

【注释】

①粉团：用糯米制成，外面包裹芝麻，放在油中炸熟后食用。

②每旦：每天。

③簪缨：古代达官贵人的头上戴的东西，这里指高官显贵。

④谣：民谣，歌谣。

【译文】

在福建莆田一个姓林的家族里，祖辈中有一个老太太很喜欢做善事。她经常制作粉团给没钱吃饭的人吃，只要有人向她要，她就会立刻给人家，从来没有表现出厌倦的样子。

有一个仙人，变身成道士，每天都会向她索要六七个粉团。林老太太每天都给他，坚持了三年都没有改变，老神仙知道了林老太太是诚心做善事的。

因此老神仙对她说："我吃了三年你免费送的粉团，应该怎样报答你呢？

你们家后面有一块地，如果你死后埋葬在那里，那么你的子孙后代能做官的人，将会有一升芝麻粒那么多。"

　　林老太太去世后林老太太的儿子按照老神仙的指点埋葬了她，之后的第一代人中就有九个人中了进士，之后的每一代都有很多人坐上高官显贵的位置。以至于福建省竟有一句"无林不开榜"的民谣。

☞主题阅读链接

　　福建省莆田有一个林老太太，她制作完粉团布施给别人的时候，只要有人向她索要，她就会给，而不会去看这个人是什么人、穿什么样的衣服，也不会去在意这个人是否真的贫穷、是否真的没饭吃，也不会去管这个人的身份是好人还是恶人。她不会拒绝任何向她索要饭团的请求，也不会产生出任何厌倦的神情，更重要的是她也不会要求任何回报。林老太太的这种做法，其实是说明了她对别人的一种态度，那就是众生平等。

　　众生平等是佛教的说法。佛教认为，抱有一颗平等的心来普度人就是一份很大的功德。每个人都是爹生娘养的，不论是贫富、善恶、美丑或者是贵贱，这些都是普通的人，佛不会只普度其中的某一部分或者某一种人，而放弃其他人。这也是佛教中慈悲为怀的真正含义，无论对

谁，都能够宽厚包容。

林老太太对所有人都平等对待，所以她有很大的功德。也许有人会说，如果这样就是大功德的话，那自己也能做到。但是扪心自问，真的可以做到吗？不说别的，只要看看现在的社会现实就知道了。有多少人见到无家可归的人在街上流浪伸出了援助之手？又有多少人看到在街上乞讨卖艺的人时是绕着走？又有多少人行善是不为名利？

白居易在《放言》中曾写道："试玉要烧三日满，辨材须待七年期。"这就是说，无论做什么样的事情都应该坚持下去，否则得不到什么好的结果。没有经过仔细的考察就妄下结论，是一种严重的错误。俗话说："路遥知马力，日久见人心"，要想知道一个人是不是真的善良，是不是真的在真心做善事，那就一定要观察这个人的持久力，看看这个人会不会在做善事的过程中产生了懈怠。一旦这个人做善事是"三天打鱼，两天晒网"一样，那么就说明这个人只不过是一个普通人，并不是真真正正的善人。因为这个人已经产生了懈怠的心理，也说明这个人并不是真正虔诚地在做善事。当然，如果这个人是一个彻底的善人、真正的善人的话，这个人在做善事的时候就一定会十分虔诚没私心，因为只有心无旁骛的人做善事才会不懈怠，才是真正的善人。所以说，林老太太是真正的大善人，是真正有功德的人。

既然林老太太能这样坚持不懈地做善事，那么她是不是应该得到一个好的结果和回报呢？答案当然是肯定的，就连老神仙都被她持之以恒行善的慈悲之心感动了。所以，老神仙对林老太太说："吾食汝三年粉团，何以报汝？府后有一地，葬之，子孙官爵，有一升麻子之数。"

老神仙的话说得很清楚，只要林老太太死后能够埋葬在他指定的位置，那么她的子孙后代就会有无数的人当上大官。所谓的"一升麻子之数"是形容很多，有一升的芝麻粒子那么多。

"冯琢庵太史之父……"

——万有皆从因缘生

【原典】

冯琢庵太史①之父，为邑②庠生③，隆冬早起赴学，路遇一人，倒卧雪中，扪之，半僵矣。遂解己绵裘衣之，且扶归救苏④。梦神告之曰："汝救人一命，出至诚心，吾遣韩琦为汝子。"及生琢庵，遂名琦。

【注释】

①太史：官名，主要负责修写历史，在明代也叫翰林。

②邑：这里指县。

③庠生：庠为古代学校的别称，庠生就是指学生。

④苏：苏醒。

【译文】

太史冯琢庵的父亲曾经在县学里做过学生。一个寒冷冬天，冯琢庵的父亲早晨起床去上学，在路上遇到了一个倒在雪地里的人，伸手摸了一下，身体几乎要完全冻僵了。于是冯琢庵的父亲把自己的棉衣服脱下来穿在那个人身上，并且把他带回家救醒了。

在梦中神告诉冯琢庵的父亲："你救了别人一命，并且是真心实意的，我就派韩琦投胎到你家做你的儿子吧。"等生了冯琢庵，就给他取名叫冯琦。

☞**主题阅读链接**

了凡先生在这里讲的故事虽然非常短，但是故事的内容非常清楚。首先要了解一下冯琢庵这个人。冯琢庵姓冯名琦，琢庵是他的号。冯琢庵是明朝万历五年的进士，后来当过翰林院编修、礼部右侍郎、礼部尚书等官职，最后死在了官位上。可以说，他在当时的朝廷里是地位很高、很有分量的一个人。就连万历年间朝廷的内阁首辅张居正也评价冯琢庵为"国器"。什么是"国器"？在古代，"国器"就是指可以治国的人才。由此可见冯琢庵的才德之深和地位之重。那么，冯琢庵能够取得那么大的成就和那么高的地位只是他自己努力的结果吗？当然有一部分原因是他自己的努力并能把握住机会，还有另一个原因就是冯琢庵的父亲早年间行善积德。

舍利弗和目犍连两人是好朋友，而且两人都是著名的宗教学者。他们经常在一起研究佛法。尽管他们两人学识已经很渊博，但总认为自己还没有获得真理，于是两人相约，如果谁有了什么新的见闻，就相互告知彼此，然后互相切磋。

有一次舍利弗去京城办事，遇见一个披着袈裟的人走在街上，神情严肃，他觉得很奇怪，就跑过去跟他交谈："先生，从您的穿着看像是一位宗教师，而且您雍容肃穆的态度，看起来很有修养的样子。请问您的大名叫什么？您所信奉的是什么宗教？"

"我叫阿说示，我信奉佛教。"

"什么是佛教？你们的老师是谁？"

"是迦毗罗卫国的太子出家成佛后所创立的佛教吗？我听人家谈起过的。那么，请教你们的教义说些什么？"

"本师释迦牟尼佛。"阿说示合掌恭敬地答道，"佛教的教义广博渊深，我修学的日子还不长，不知道的还很多，只是常常听见本师说：'万有皆从因缘生。'这就是佛陀的中心理论。"

舍利弗接着说道："听起来很是玄妙，您能把'万有皆从因缘生'的道理给我讲得详细一点吗？"

"就拿这棵树来说吧。"阿说示手指着路边的一棵树说道，"这棵树之所以长这么大，首先必须要有一粒种子。这就叫'因'；同时在生长过程中，必须有土壤、肥料、水分、温度、空气种种条件，这就叫'缘'。因缘结合，才能使一棵树生起与存在，这叫'因缘所生'。如果缺少了水土等条件，因缘离散，树就会干枯致死。所以，万有的消灭，还是由于因。树就是这样从因缘生起的，其他一切万物也都从因缘生起。宇宙间的任何事物，都不能逃出'从因缘生'的定律。一个人的苦乐贫富、智愚，也都是由于过去思想行为的'因'，后来的家庭、教育、社会环境等条件为助'缘'，这些都是从因缘所生起的。"

阿说示滔滔不绝地说："有些人不懂得因缘的道理，以为人生诸事都是偶然的，并没有什么原因。那么，如果没有种子、水、土的因缘，一棵树怎么会凭空生长呢？一棵树一定要从种子生起，绝不会从毫无关系的石头、瓦块生起。一个人的遭遇也是一样，是自己的业力和环境造成的，并不是由于另外的什么神的主宰赏罚。一个人的遭遇固然由许多因素决定，但是现在的努力是更要紧的。有些人以为，现在的一切都是冥冥中已经注定的，这是一种错误的定命论。能够知道万有皆从因缘生，把握到正确的因果关系，就可以确定自己行为的价值，知道怎样去努力创造光明的前途。"

舍利弗听了阿说示说的话，立刻解悟到佛的真理。他回去以后，带领了两百个学生，一同从佛出家。后来，他俩分别成为了佛陀门下智慧第一与神通第一的两个大弟子。

佛家认为，一切因缘果报，都是由自己的心念所感召。后面有什么果，都是你前面所种的"因"所决定的。因此，我们与其为未来担心，还不如坦然面对自己所遭遇的境况，积极地生活在当下，这样才能够幸福快乐。

"台州应尚书……"
——先学做人，再学做佛

【原典】

台州应尚书，壮年习业于山中。夜鬼啸集①，往往惊人，公不惧也。一夕②闻鬼云："某妇以夫久客③不归，翁姑逼其嫁人，明夜当缢④死于此，吾得代矣。"公潜卖田，得银四两，即伪作其夫之书，寄银还家。其父母见书，以手迹不类，疑之，既而曰："书可假，银不可假，想儿无恙。"妇遂不嫁。其子后归，夫妇相保如初。

公又闻鬼语曰："我当得代，奈此秀才坏吾事。"旁一鬼曰："尔何不祸之?"曰："上帝以此人心好，命作阴德尚书矣，吾何得而祸之?"应公因此益自努励，善日加修，德日加厚。遇岁饥，辄捐谷以赈之。遇亲戚有急，辄委曲⑤维持。遇有横逆⑥，辄反躬⑦自责，怡然顺受。子孙登科第者，今累累也。

【注释】

①啸集：呼叫聚集。

②夕：晚上。

③客：在外地，出远门。

④缢（yì）：上吊。

⑤委曲：委曲求全，殷勤周到。

⑥横逆：强暴，不讲道理。

⑦躬：自己。

【译文】

应尚书是浙江台州人，他在壮年的时候曾在山里面读书。山里面在晚上经常有鬼怪聚集出来吓人，但是应尚书一点也不害怕。

一天晚上他听见鬼说："一个女人的丈夫出门在外很长时间了都没有回来，她的公公和婆婆就逼着她嫁给别人。明天夜里她就要在这里上吊而死，到时候我就能找到替身了。"应尚书悄悄地把自己的田地卖掉，一共得到了四两银子。然后以那个女人丈夫的名义写了一封信回家，并附带了四两银子。男人的父母看了这封书信后，认为和以前的信手迹不一样，因此十分怀疑。但是又一想，书信可以造假，但银子却不可能是假的，自己的儿子一定没什么事情。于是那个妇女就不用改嫁了。后来那个男人回到家中，夫妻二人还是和以前一样相爱。

后来应尚书又听见那个鬼说："本来我已经找到替身了，没想到却被这个秀才坏了我的好事。"旁边一个鬼说："那你为什么不害死他呢？"鬼说："上帝说这个人的人品很好，所积累的阴德已经足够做到尚书了，我怎么能再去害死他呢？"

应尚书因此就更加努力，善事一天又一天地去做，功德也在一天又一天地增加。遇到荒年的时候，他就捐献粮食用于赈灾；遇到亲戚有危难的时候，他会想尽一切办法来帮人家渡过难关；遇到有人蛮不讲理地批评的时候，他从来都是从自己身上找原因，对于别人的批评很愉快地接受。他的子孙中了进士的人，到现在已经有很多了。

☞**主题阅读链接**

这里的应尚书指的是明朝嘉靖年间的刑部尚书应大猷。应大猷，字邦升，明朝正德九年的进士，后担任南京知都主事，并参与平定宁王之乱。后来还在嘉靖年间担任过吏部右侍郎，最终官至刑部尚书。他为官清廉，乐善好施，即便在富庶之地做官也从不贪任何东西，深得民心。每次卸任的时候，"官行一担书，民送两行泪"，由此可见应大猷的品德之高尚。后来严嵩专权的时候，应大猷被奸佞小人所陷害，被迫辞官回乡著书，著有《周易传义存疑》一卷、《容庵集》十卷等作品。

"一夕闻鬼云：'某妇以夫久客不归，翁姑逼其嫁人。明夜当缢死于此，吾得代矣。'"有人要逼自己的儿媳妇改嫁，儿媳妇不肯，要在附近上吊了。但是应大猷认为这件事情不应该是这个样子，那个妇女不愿意改嫁是因为在心里还有她的丈夫，如果被自己的公公和婆婆逼死了，那将是多么冤枉啊。于是他便打算想办法救这个妇女。

很多人把佛学看得很高，其实它并没有什么深奥的玄虚，正所谓"道不远人"。学佛之道，也就是做人之道。

良宽禅师终生修行修禅，从来没有懈怠过一天，他的品行远近闻名，人人敬佩。

在他年老的时候，家乡传来一则消息，说禅师的外甥不务正业，吃喝嫖赌，五毒俱全，快要倾家荡产了。而且经常危害乡里，家乡父老都希望这位禅师舅舅能大发慈悲，

救救外甥，劝他回头，重新做人。

良宽禅师听到消息，不辞辛劳，立即往家乡赶。他风雨兼程，走了半个月，终于回到了家乡。

良宽禅师终于和多年没见过面的外甥见面了。这位外甥久闻舅舅的大名，心想以后可以在狐朋狗友面前吹嘘一番了，因此也非常高兴，并且特意留舅舅过夜。

家人也很高兴，心想禅师可以好好规劝一下自己的外甥了。外甥却寻思，久闻舅舅大名，要是他真的对我说教，我可要好好捉弄他一下，日后就能在别人面前吹嘘了。

出乎意料的是，晚上，良宽禅师在俗家床上坐禅坐了一夜，并没有劝说什么。外甥不知道舅舅葫芦里卖的是什么药，惴惴不安地勉强熬到天亮。这时禅师睁开眼睛，要穿上草鞋，下床离去。他弯下腰又直起腰，不经意地回头对他的外甥说："我想我真的老了，两手发直，穿鞋都很困难，可否请你帮我把草鞋带子系上？"

外甥非常高兴地照办了，良宽慈祥地说："谢谢你了！年轻真好啊，你看，人老的时候，就什么能力都没有了，可不像年轻的时候，想做什么就做什么。你要好好保重自己，趁年轻的时候把人做好，把事业的基础打好啊，不然等到老了，可就什么都来不及了！"

禅师说完这句话后，掉头就走。

但从那一天起，他的外甥再也不花天酒地去浪荡了，而是改邪归正，努力工作，像换了个人似的。

良宽禅师并没有用什么大道理规劝外甥，其实，那些道理不用说外甥也懂，只是没有照着实行而已。禅师说明其中的利害关系，只是要唤起外甥的良知好好做人。做好了人，一切都有可能，否则就无药可救，再无他法。

"常熟徐凤竹栻……"

——行菩萨道，发慈悲心

【原典】

常熟徐凤竹栻，其父素①富，偶遇年荒，先捐租以为同邑之倡，又分谷以赈贫乏。夜闻鬼唱于门曰："千不诳②，万不诳，徐家秀才，做到了举人③郎。"相续而呼，连夜不断。是岁，凤竹果举于乡。其父因而益④积德，孳孳⑤不怠，修桥修路，斋僧接众，凡有利益，无不尽心。后又闻鬼唱于门曰："千不诳，万不诳，徐家举人，直做到都堂⑥。"凤竹官终两浙巡抚⑦。

【注释】

①素：一直。

②诳：欺骗。

③举人：中国古代地方科举考试中试者之称。

④益：更加。

⑤孳孳：比喻勤奋、坚持不懈的样子。

⑥都堂：尚书省总办公处的称呼。

⑦巡抚：官名，主要负责巡视各地的军政、民政的大臣。

【译文】

江苏常熟人徐栻，字凤竹，他的父亲一直以来都比较富有，有一次遇到了荒年，他带头取消了地租，为县里人做了榜样。同时，他又拿出粮食用来赈灾。有天夜晚听到有鬼在他们家门前高声大喊："千般不说谎，万般不说谎，徐家的秀才，要考上举人了。"呼喊声一波接一波，一夜都没有停止。当年，徐凤竹果然考中了乡里的举人。

因为徐凤竹考中举人的原因，他的父亲更加对积德行善孜孜不倦了。他修桥修路，布施斋饭供养出家人，救济穷人，只要是和行善有关的事，他都尽心尽力。后来又有鬼在他们家门前大喊："千般不说谎，万般不说谎，徐家的举人，要到朝堂上做官了。"徐凤竹当官一直当到了两浙巡抚。

☞主题阅读链接

这个故事讲的是父亲行善，得到了儿子做大官的福报的事情。故事里的儿子姓徐名栻字凤竹，是江苏常熟人。徐栻是明朝的一个大官，通过科举考试走上的仕途，并且最终当官当到了两浙巡抚。可以说他的成就已经很高了。那么，他能取得这么大的成就做到这么大的官，都是他自己一个人努力的结果吗？当然不全是，有很大一部分原因是他父亲行善积德的结果。

世人做事也要有几分菩萨心肠才好。

一位财大势大的董事长，他原本拥有几个矿山，家产富足。但是却恃富而骄，贪迷五欲，财大气粗，对人刻薄无情、对朋友无义，更不知体恤工人。天有不测风云——后来，矿区频频出事，他也发生车祸而重伤，找遍名医，但皆无效，到后来矿山、房子都卖光了，事业也一败涂地。以前认识他的人却说："这是报应！"可见，平时为富不仁，落难时也难得他人同情。

还有一个平时爱花钱的老板曾说："佛教讲广结善缘，我也结了很多缘啊！你想想，我一天到晚请客，那一桌桌的酒席，一桌就一万多。我不是很慷慨吗？而且每次给小姐的小费都在一千元以上。很多人说我不慷慨，到底我哪里不慷慨？"他是非常慷慨。可是他不知道一桌酒席的费用可让普通民众维持很久的生活；在他豪掷纵乐时，有许多老弱贫病、孤儿寡妇等待救助！他更不知道一桌酒席的钱，在医院中也许可以救回一条人命。

谁才是真正的"菩萨"？是那些怀有一颗善心去做一件件小事的人。比如，那些勤奋敬业的老师，用自己的肩膀将学生们送到更高的境界；比如，那些奔波于各地的社会志愿者们，拿出有限的能力去帮助他人。——这才是

真正的"活菩萨"。

有一位哲人问他的学生："对一个人来说，最需要拥有的是什么？"学生们给出很多答案，哲人都摇头否定，但有一位学生的答案令他露出了笑容，那位同学答道："一颗善心！"哲学家说："在这'善心'两字中，包括了别人所说的一切东西。"

为人处世，要完全做到"自未得度、先度他人"的菩萨境界极难，但是，存几分菩萨心肠，对他人、对这个世界有所奉献，自可感染他人、感化他人，它是人类温情的源泉，它使我们周围的生存环境得到真正的改善。这不正是"自觉觉他、自利利他"吗？"菩萨心"能净化心灵，使世界变得澄清。

慈悲心，其涵义为"上求佛道，下化众生"。看见别人遭遇痛苦而暗暗高兴，心境如此狭隘，可以说这种人这辈子是不幸的。有的人一开口就让别人不开心，一办事就让别人头疼，这样的人不能给他人带来任何价值，又怎能得到他人的尊重！

"嘉兴屠康僖公……"

——多多积累阴德

【原典】

嘉兴屠康僖公，初为刑部主事①。宿狱中，细询诸囚情状，得无辜者若干人。公不自以为功，密疏其事，以白堂官②。后朝审③，堂官摘其语，以讯诸囚，无不服者，释冤抑十余人，一时辇下咸颂尚书之明。

【注释】

①主事：官名，一般来说掌握实权。

②堂官：衙门的最高长官。

③朝审：是明朝的一种审判制度，在秋后处决犯人之前，召集朝廷大臣共同复审死囚罪犯，主要是为了表示对人生命的重视。

【译文】

屠勋是浙江嘉兴人。他刚刚当上刑部主事的时候，每天晚上都睡在狱中，细细地询问囚犯们的各种罪状，发现有好多囚犯都是没有罪而被冤枉的。

但是屠勋并不认为自己在这件事中有什么功劳，他秘密地把这件事报告给了刑部主官。后来到了秋后重审的时候，刑部主官挑选了屠勋所提供的内容中一些事情来询问囚犯，结果囚犯们没有一个不服从的。于是释放了被冤枉的无罪者十多人，一时间百姓们都称赞刑部主官明察秋毫，十分英明。

☞**主题阅读链接**

这段故事主要讲述的是屠勋为了避免冤案和错案的发生，亲自深入监狱调查案情的事情。

屠勋，字元勋，是明朝时期赫赫有名的官员，曾先后做过工部、刑部、大理寺和都察院的官职，最后当上刑部尚书。后来宦官刘瑾专权，屠勋不服从他，所以遭到打压，辞官回乡。死后谥号康僖。这段故事讲的就是他刚当上刑部主事的时候发生的事情。

刑部就是一个国家主管各种法律和审核各类案件的部门，而刑部主事就是具体负责调查审核案件的人。屠勋刚刚当上刑部主事的时候，就住到了监狱里，仔细询问每个犯人都是因为什么原因才被关进监狱的，可能是想看看是不是有被冤枉的人，好替他们平反。可是仔细问过之后屠勋被吓了一跳，果真有很多犯人是被冤枉进监狱的。

其实，像冤案、错案这种事情的发生，有些时候是不可能避免的，毕竟人不是神，不可能所有的事情都能知道得清清楚楚。即使是在现代，在这个法律如此健全的社会，偶尔也会发生冤、假、错案，更何况是古代。古代审讯犯人的程序很不严谨，很多官员一开始就要求嫌疑人交代事情、招供，甚至有些官员严刑逼供，根本不会在乎犯人的感受，这样就让很多人在不明所以的情况下由于生命受到威胁而选择屈服，导致很多冤案的发生。另外，官员在审问犯人的时候缺乏必要的监督也是一个原因。没有人监督，官员当然想怎么做就怎么做，只要最后向上汇报的时候说得清楚明白一些，是没有人追究案情究竟是什么样子的，所以有些官员审问案情时就会草草了事，这也会导致冤案的发生。

毫无疑问，如果能把这些冤案全部平反肯定是大功一件，但屠勋是个聪明人，不可能自己独立去平反冤案。先不说他一个小小的刑部主事有没有这个权力，就单单是官场上的一些规则也不允许他独自解决。要知道，在官场中和上司抢功劳可不是一件明智的选择，更何况在朝廷不是很清明时。

李白在《侠客行》中曾经写道："十步杀一人，千里不留行。事了拂衣去，深藏身与名。"那些人都是受了冤枉的，案子也都是冤案。于是刑部尚书大手一挥，当场就释放了很多无罪的人。之后，刑部尚书的这种做法受到了全京城百姓的称赞，什么明察秋毫、办案如神、公正无私等评价纷纷向刑部尚书"袭来"，一时间，刑部尚书简直就是公平公正的代言人了。

经过这些事情之后，刑部尚书有了功劳，有了政绩，也有了名声，收获是十分巨大的。但是纵观整个过程和最终的结果，好像跟屠勋没有什么关系，他也没有因为这件事情获得什么好处。如果这样想那就大错特错了，因为整个平冤减刑的过程，看似和屠勋没什么关系，但是屠勋才是整个平冤减刑的过程中真正的幕后推手，是他先调查处理冤案，也是他提出让刑部尚书查证重新审理的。在这个过程中，他既不图名，也不要利，而是真心想让那些被冤枉的人能够平反，获得真正的自由，因此他获得的是巨大的阴德。

多多积累阴德，自然会有无法想到的好处。不说别的，单说屠勋在后来能够当上刑部尚书，就和他积累的那么多的阴德有密切关系。所以，多做善事、多积累阴德十分必要。

"公复禀曰……"
——积阴德才有大的福报

【原典】

公复禀曰："辇毂①之下，尚多冤民。四海之广，兆民之众，岂无枉者？宜五年差一减刑官，核实而平反之。"尚书为奏，允其议。时公亦差减刑之列，梦一神告之曰："汝命无子，今减刑之议，深合天心，上帝赐汝三子，皆衣紫腰金②。"是夕夫人有娠。后生应埙、应坤、应埈，皆显官。

【注释】

①辇毂：天子的车驾。这里指天子脚下。

②衣紫腰金：形容做高官。

【译文】

屠勋又向刑部主官禀报说："在天子脚下都有那么多被冤枉而关起来的人，那么在全国上下有那么多的地方和千千万万的百姓，难道会没有被冤枉的人吗？我们应该每五年就派一名减刑官，到各州各地去查询囚犯犯罪的详细情况，确定犯罪的，要明确定罪；确定无罪的，就要释放。"

刑部主官听了他的奏报后，就向皇上奏报了，皇上也同意了他的办法。刚巧屠勋也是被派出去的减刑官中的一个。

在梦里，一个神仙对屠勋说："你命中注定没有儿子，但是因为你提出了减刑这样的建议，正好符合天意，所以上天就赐给你三个儿子，都是今后能够做高官的。"当天晚上他的夫人就怀孕了，之后生下了应埙、应坤、应埈三个儿子，最后都做了大官。

☞主题阅读链接

一般来说，无论是中国古时候还是近代、现代，京城之中、天子脚下都应该是一个国家治安最好、民众最稳定、政治最清明、冤假错案发生概率最低的地方。但是现如今在京城屠勋就能发现并找出这么多因为被冤枉而关进大牢的人，那么京城以外的其他地方，那些通信不发达的地方，朝廷管理松散的地方，冤案是不是就会更多？那么他们和他们的家人就实在是太可怜了。所以屠勋决定想办法帮助他们，想办法让朝廷能重视并解决京城以外的冤假错案。

屠勋觉得这件事是能得到朝廷认可的，于是他又给刑部尚书提出了一个建议。他认为朝廷应该每五年就派一名减刑

官，到各州各地去查询囚犯犯罪的详细情况，确定犯罪的，要明确定罪；确定无罪的，就要释放。

屠勋设立减刑官这个建议很好。第一，可以避免冤案的发生，因为官府在调查案件的时候会更加认真负责。第二，可以让人们更加有安全感。因为人们不用再担心一不小心就会因为被冤枉而被关进大牢了，即使是已经被冤枉的也不用担心自己的冤屈无处伸张、自由无处寻找了。第三，会让人们对这个国家感到更加信任。不冤枉一个好人会让老百姓对国家更加满意，不放过一个坏人也会让老百姓感到更加安全，因此会更信任国家。这样，一个国家的凝聚力就提高了。

在这件事情上，屠勋又获得了巨大的阴德。为什么这样说呢？因为整件事情最开始是由他提出来的，而最后他又能成为一个减刑官亲自去为别人平冤减刑。同时，在这个过程中，所有冤案得到平反的人都是间接由于屠勋的帮助获救的，所以说屠勋这是救了很多人，这是做了很大的善事。但是别人又不知道是他救的，所以说他积累了很大的阴德。

屠勋做了这么多的善事，积累了这么多的功德，他因此获得了很多好处。梦一神告之曰：“汝命无子，今减刑之议，深合天心，上帝赐汝三子，皆衣紫腰金。”神告诉屠勋说，本来他命中注定是没有儿子的，但是因为他提出了平冤减刑这样的建议，正好符合天意，所以上天会赐给他三个儿子，而且都是今后能够做高官的。

在神对他说了奖励之后，他就有了屠应埙、屠应坤、屠应埈三个儿子，不但为他延续了香火，并且后来他的三个儿子都做了大官。在中国古代，高官厚禄、光宗耀祖的思想根深蒂固。古代实行封建宗法制，一个人要是能做上大官的话，那么他就能为自己的家族和祖先带来荣耀，家族内部其他人也能得到各种各样的好处。所以说，天神给屠勋奖励了三个能当大官的儿子，这是对他最大的奖励。

"嘉兴包凭……"

——播撒善心，可得福报

【原典】

嘉兴包凭，字信之。其父为池阳太守①，生七子，凭最少。赘②平湖袁氏，与吾父往来甚厚。博学高才，累举不第，留心二氏③之学。一日东游泖湖，偶至一村寺中，见观音像，淋漓露立，即解囊中得十金，授主僧④，令修屋宇。僧告以功大银少，不能竣事。复取松布四匹，检箧中衣七件与之，内纻褶，系新置，其仆请已之。凭曰："但得圣像无恙，吾虽裸裎何伤？"僧垂泪曰："舍银及衣布，犹非难事。只此一点心，如何易得！"后功完，拉老父同游，宿寺中。公梦伽蓝⑤来谢曰："汝子当享世禄矣。"后子汴，孙柽（chēng）芳，皆登第，作显官。

【注释】

①太守：官名，即明清时期的知府，是一郡的最高长官，除治民、进贤、决讼、检奸外，还可以自行任免所属官史。

②赘（zhuì）：男方入赘女方家，即俗称的倒插门。

③二氏：即指佛、道两家。

④主僧：寺院里的主持。

⑤伽（qié）蓝：僧伽蓝摩的简称，指为佛教寺院护法的神明。

【译文】

浙江嘉兴有个人叫包凭，字信之。他的父亲是知府，共生了七个儿子，其中包凭是最小的。包凭倒插门给平湖县的袁家做了上门女婿。他和我的父亲交情很深厚。他博学多才，但是多次参加科举都没有高中，于是便开始留心研究起了佛、道两学。

有一天，他到东边的湖游玩，偶然走进了一个乡间的寺庙里，看见里面观音菩萨的塑像就在露天之中立着，受着风吹雨打。于是他解开自己的口袋，从里面拿出十两金子交给了寺院里的住持，让他把露顶的房屋修好。但是住持却说，修屋顶的工程太大，这点钱是不可能完成的。于是他又拿出了四匹松布，然后又从自己的箱子之中拿出七件新衣服给住持。他的仆人说还是把衣服留给自己穿吧。但是包凭说："只要观音菩萨的塑像不再受到风吹雨淋，我就算赤裸着身体也没什么大不了的。"老住持含着眼泪说："舍弃衣服和金银并不是什么难事，但是能有这样的一份心才是最难得的。"

后来在寺院修完后，包凭和他的父亲一起去游玩，夜晚留在寺院中过夜。夜晚，包凭梦见僧伽蓝摩对他说："你的子孙应该世代都享受高官厚禄。"后来，包凭的儿子汴和孙子柽芳都中了进士，做了高官。

☞主题阅读链接

浙江嘉兴人包凭包信之，是池阳太守的小儿子，入赘平湖袁家当上门女婿。他博学多才，却一直都考不上科举，因此就开始沉迷于佛学和道学。这个故事的真实性是不用怀疑的，因为故事中已经明确说出了了凡先生和包凭之间相互是很熟悉的。首先，文中称呼了包凭的字。古人的字一般都是十分友好的人之间才能互相称呼的。其次，就是包凭是入赘到平湖袁家当上门女婿的，而了凡先生就是姓袁，应该就是平湖袁家的人，所以他们应该很熟悉。最后，包凭和了凡先生的父亲交情深厚，因此和了凡先生不可能不熟悉。所以了凡先生讲了一个发生在自己身边的故事劝诫儿子。

将一颗爱心、慈悲心惠及蝼蚁，可说是仁慈的极致。中国传统文化历来追求一个"善"字：为人处世，强调心存善意、向善之美；与人交往，讲究与人为善、乐善好施；对己要求，主张独善其身、善心常驻。记得一位名人说过，对众人而言，唯一的权力是法律；对个人而言，唯一的权力是善良。

滴水和尚十九岁时来到曹源寺，拜仪山和尚为师，开始时，他的差使是替和尚们烧水洗澡。

有一次，师父洗澡嫌水太热，便让他去提一桶冷水来兑一下。他便去提凉水，然后他先把部分热水泼在地上，又把多余的冷水也泼在地上。

师父便教训他："你这么冒冒失失的，地下有无数蝼蚁、草根等生命，这么烫的水下去，会坏掉多少性命。而剩下的凉水，浇花多好。你若无慈悲之心，出家却又为何？"

滴水和尚无语，但从此心有所悟。

播种爱心，不仅能够得到内心的安静祥和，而且能够让别人获益，记取你的那份善良与美好。

达到美好的境界，而且上善若水，涓涓细流，润物无声。播撒爱心，幸福触手可及。

心中有情有爱，世界才会风光无限。仁爱之心如一盏明亮的灯，它可以照亮我们的人生。古语云："人生一善念，善虽未为，而吉神已随之。"意思是说一个人只要存有爱心，即使还没有去付诸实践，吉祥之神已在陪伴着他了。

"嘉善支立之父……"
——敢于对恶行恶事说不

【原典】

嘉善支立之父，为刑房吏①，有囚无辜陷重辟②，意哀之，欲求其生。囚语其妻曰："支公嘉意，愧无以报，明日延③之下乡，汝以身事之，彼或肯用意，则我可生也。"其妻泣而听命。及至，妻自出劝酒，具④告以夫意。支不听，卒为尽力平反之。囚出狱，夫妻登门叩谢曰："公如此厚德，晚世⑤所稀。今无子，吾有弱女，送为箕帚妾⑥，此则礼之可通者。"支为备礼而纳之，生立，弱冠中魁，官至翰林孔目。立生高，高生禄，皆贡为学博⑦。禄生大纶，登第。

【注释】

①刑房吏：掌管着法律事务、刑狱事务。

②重辟：重罚、重刑。

③延：邀请。

④具：全部。

⑤晚世：近代。

⑥箕帚妾：拿箕帚的侍女。比喻地位很低，只能做妾。

⑦学博：用五经教学生的学官。

【译文】

浙江嘉善人支立的父亲，在县衙中的刑房里当一个小官。有一个无辜囚犯因为是受到别人的牵连被判了死刑，支立的父亲很同情他，就想要帮助他。这个囚犯对他的妻子说："支公有替我开罪的心意，我很惭愧，不知道怎么报答他。明天就邀请他到乡下来，你好好地侍奉他，如果他能感念这份情义，那么我就有活命的机会了。"囚犯的妻子

哭着答应了他。

第二天支公来了，囚犯的妻子亲自劝支公喝酒，并且把丈夫的想法告诉了支公。支公并没有这样做，但是依然想尽办法使囚犯获得释放。

囚犯出狱后，和他的妻子登门拜谢支公，说："像您这样德才出众的人，现代都少有了。现在您还没有儿子，我有一个女儿，不如就让她当你的侍妾，这在情理上是可以说通的。"于是支公就准备了彩礼来迎娶囚犯的女儿。婚后，他们生下了支立。支立二十岁时就在科举中考了第一名，做官做到了翰林院的孔目。后来支立生下了支高，支高生下了支禄，都被举荐为学博。后来支禄生下了支大纶，他考中了进士。

☞ 主题阅读链接

佛家认为，只要听到恶声，就念一声"阿弥陀佛"来消除，愿一切人不再有恶语与恶行。只要看见有人做善事，就念一声阿弥陀佛来赞扬他，愿一切人都有善行。没事就念"阿弥陀佛"，佛常在眼前，就能做到念念不忘。如果能做到这一点，就可以往生净土，到西方极乐世界。凡是正义之人，必然是爱憎分明之人。他们对善行、善事会赞赏、效仿；而对恶行、恶事则是憎恨，不姑息迁就。

明朝在权臣严嵩掌权的日子里，上至朝廷大臣，下至地方官吏，对严嵩及其同党都得让几分。可是浙江淳安知县海瑞却能够秉公办事，对严嵩同党一点不讲情面。

海瑞的顶头上司浙江总督胡宗宪是严嵩的同党，仗着他有后台，到处敲诈勒索，谁敢不顺他心，就该谁倒霉。

有一次，胡宗宪的儿子带了一大批随从经过淳安，住在县里的馆驿里。要是换了别的县，官吏见到总督大人的公子，奉承都来不及。可是在淳安县，海瑞立下一条规矩，不管达官贵戚，一律按普通客人招待。

胡宗宪的儿子平时养尊处优惯了，看到驿吏送上来的饭菜，认为是有意怠慢他，气得掀了饭桌，喝令随从，把驿吏捆绑起来，倒吊在梁上。

驿里的差役赶快报告海瑞。海瑞知道胡公子招摇过境，本来已经感到厌烦，现在竟吊打起驿吏来，就觉得非管不可了。

海瑞听完差役的报告，装作镇静地说："总督是个清廉的大臣，他早有吩咐，要各县招待过往官吏，不得铺张浪费。现在来的那个花花公子，排场阔绰，态度骄横，不会是胡大人的公子。一定是什么地方的坏人冒充公子，到本县来招摇撞骗的。"

说着，他立刻带了一大批差役赶到驿馆，把胡宗宪儿子和他的随从通通抓了起来，带回县衙审讯。一开始，那个胡公子仗着父亲的官势，暴跳如雷，但海瑞一口咬定他是假冒公子，还说要把他重办，他才泄了气。海瑞又从他的行装里搜出几千两银子，通通没收充公，还把他狠狠教训了一顿，撵出县境。

等胡公子回到杭州向他父亲哭诉的时候，海瑞的报告也已经送到巡抚衙门，说有人冒充公子，非法吊打驿吏。胡宗宪明知道他儿子吃了大亏，但是海瑞信里没牵连到他，如果把这件事声张起来，反而失了自己的体面，只好打落门牙往肚子里咽了。

过了不久，又有一个京里派出的御史鄢懋卿到浙江视察。鄢懋卿是严嵩的干儿子，敲诈勒索的手段更狠。他到一个地方，地方官吏要是不孝敬他一笔大钱，他是不肯放过的。各地官吏听到鄢懋卿要来视察的消息都犯了愁。但是鄢懋卿偏又要装出一副奉公守法的样子，他通知各地说他向来喜欢简单朴素，不爱奉迎。

海瑞听说鄢懋卿要到淳安，给鄢懋卿送了一封信去，信里说："我们接到通知，要我们招待从简。可是据我们得知，您每到一个地方都是大摆筵席，花天酒地。这就叫我们为难啦！要按通知办事，就怕怠慢了您；要是像别的地方一样铺张，只怕违背您的意思。请问该怎么办才好？"

鄢懋卿看到这封信揭了他的底，直恼得咬牙切齿。但是他早听说海瑞是个铁面无私的硬汉，又知道胡宗宪的儿子刚在淳安吃过大亏，所以有点害怕，就临时改变主意，绕过淳安，到别处去了。

海瑞秉公办事，执法如山，其爱憎分明的作风，垂范于后世，让人钦佩不已。

在现实生活中，真正做到爱憎分明是不容易的，因为有时要承受巨大的压力，在做善事的时候，可能遇到许多障碍。当然，越是艰难，越是能够显示一个人的道德修养和个人修为的高低。

"凡此十条……"
——行善的分类

【原典】

凡此十条，所行不同，同归于善而已。若复精而言之，则善有真有假，有端①有曲，有阴②有阳，有是有非，有偏有正，有半有满，有大有小，有难有易，皆当深辨。为善而不穷理③，则自谓行持，岂知造孽，枉费苦心，无益也。

【注释】

①端：端正。

②阴：阴德。

③穷理：追求真理。

【译文】

上面的十个故事，所做的事情是各不相同的，但都是行善的事情。要是仔细来说的话，那么做善事有真的，有假的；有端正的，有扭曲的；有阴德，有阳善；有正确的，有错误的；有偏善，有正善；有半善，有满善；有大善，有小善；有困难的行善，有简单的行善，都应该深刻地加以说明。如果只是做善事而不追求做善事的真理，那就是自己认为是在做善事，但实际上对别人来说是造孽，白白浪费了一片苦心，没有任何好处。

☞**主题阅读链接**

这段话主要是总结前面的内容，然后引出后面的内容，起到一个承上启下的作用。

当看完了上面所写的这些故事以后，应该能够发现一个问题，那就是故事里面的主人公行善的方式是各不相同的。杨荣的曾祖父和祖父在洪水来临的时候拼命打捞溺水者；杨自惩不忍心看到犯人被打得头破血流，同时又可怜吃不起饭的犯人，把自己家里的粮食分给他们；谢都事不忍心对反贼斩尽杀绝，想办法救活了一万多人；林老太太十年如一日地发放粉团给没有饭吃的人，坚持不懈；冯琢庵的父亲看见有人冻僵在雪里面，就把那个人扶到家里面救醒；应大酞没钱，就用卖地的办法筹集钱救了一个想要上吊自杀的女子，后来更是经常在别人有困难的时候帮助别人；徐凤竹的父亲在灾年带头不收地租，并且经常做修桥修路、布施斋饭等事情；屠勋替犯人平冤减刑并努力使之发展成为一种制度；包凭不忍心看到观音菩萨的塑像在露天之中忍受着风吹雨打，捐赠自己的钱财和衣服来修建供奉菩萨的大殿；支立的父亲把一个被冤枉的死刑犯从牢里救了出来，并且没有要求任何人的回报。虽然这些人做的事情各不相同，但是他们做的事情所产生的影响或者说是带来的结果是相同的，那就是他们每个人的子孙后代都是高官富贵、兴旺发达。

为什么他们做的是不同的事情，所产生的影响或者说是结果是相同的呢？归根结底他们做的是同一类的事情，那就是做善事：他们这些人都是在行善。那么行善的目的是什么呢？行善的最终目的就是积累功德。那么有了功德之后呢？"积善之家，必有余庆。"有了功德之后就能够给子孙后代带来想不到的好处。所以他们这些人的后代都有了相同的结果，都是高官富贵，兴旺发达。

要是仔细分析的话，行善、做善事也是包括很多种的：有真的，有假的；有端正的，有扭曲的；有阴德，有阳善；有正确的，有错误的；有偏善，有正善；有半善，有满善；有大善，有小善；有困难的行善，有简单的行善。

这些就是善行的分类。

要是没有仔细、全面分析一下这个"善"字的话，还不知道什么才是真正的行善，怎样做才算真正地做了善事。如果没有经过认真地分析和推理，就去做那些自己认为的善事，那有些时候做出的就不是善行而是恶行了。到时候就会白白地浪费自己的一片苦心，却不会得到任何的好处。这种行为大概就是所谓的事与愿违或者叫作弄巧成拙了。

《庄子》中曾写道：南海之帝为倏，北海之帝为忽，中央之帝为混沌。倏与忽时相与遇于混沌之地，混沌待之甚善。倏与忽谋报混沌之德，曰："人皆有七窍以视听食息，此独无有，尝试凿之。"日凿一窍，七日而混沌死。混沌是模糊一团的，与人的样子大不相同。倏和忽本来是想感谢混沌的友善恩德，就想让混沌变得和人一样有七窍来看世界和倾听世界、吃东西和呼吸新鲜的空气。他们以为他们这是在做善事，可是根本就没有考虑到混沌的实际情况。混沌本来就是这个样子的，又怎么能随意改变呢？这就像人整容一样，小修小补是有可能的，大面积地整容总是会出问题的。最后，倏与忽的"善心"却害死了混沌。

所以说，人们做善事的时候，要全面分析自己的所作所为。只有通过各个方面的深入调查，才能最终知道什么才是真正的行善。

"何谓真假……"
——真善与假善

【原典】

何谓真假？昔有儒生数辈谒①中峰和尚②，问曰："佛氏论善恶报应，如影随形。今某人善，而子孙不兴。某人恶，而家门隆盛。佛说无稽③矣。"

中峰云："凡情④未涤，正眼⑤未开，认善为恶，指恶为善，往往有之。不憾⑥己之是非颠倒，而反怨天之报应有差乎？"

众曰："善恶何致相反？"中峰令试言其状。

一人谓："詈人殴人是恶，敬人礼人是善。"

中峰云："未必然也。"

一人谓："贪财妄取是恶，廉洁有守是善。"

中峰云："未必然也。"

众人历言其状，中峰皆谓不然。因请问。

中峰告之曰："有益于人，是善。有益于己，是恶。有益于人，则殴人、詈人皆善也。有益于己，则敬人、礼人皆恶也。是故人之行善，利人者公，公则为真。利己者私，私则为假。又根心⑦者真，袭迹⑧者假。又无为而为者真，有为而为者假。皆当自考。"

【注释】

①谒：拜见。

②中峰和尚：元代高僧，姓孙，字中峰，号幻住道人，浙江钱塘人。

③无稽：没有根据的。

④凡情：凡人的思想。

⑤正眼：正确的见解。

⑥憾：怨恨。

⑦根心：发自内心。

⑧袭迹：模仿别人。

【译文】

什么是真善和假善？以前有几个读书人去拜见中峰和尚，问他："佛家说善有善报、恶有恶报，谁都避不开这个道理。现在有一个人经常行善，但是他的子孙却不兴旺；而无恶不作的人，却是子孙兴盛。佛说的东西一点根据都没有。"

中峰和尚说："凡人的思想没有经过洗涤，被世俗的见解所迷惑，不能得到正确的见解，所以把真善当作恶行、把恶行当作真善的人一直都有。不怨恨自己把真假颠倒，反而抱怨上天报应有误呢？"

众人又问他："到底是什么原因使我们把行善和作恶弄反的呢？"中峰和尚让他们自己试着说一说。

一个人说："打人、骂人是恶行，尊敬别人，对人有礼貌就是行善。"

中峰和尚说："不一定。"

又一个人说："不择手段地敛财是恶行，奉公守法、廉洁自律是善。"

中峰和尚说："也不一定。"

所有人都说出了自己的想法，但是中峰和尚都说不对。大家趁机问他的想法。

中峰和尚告诉他们说："做有益于别人的事情，就是行善；做只有利于自己的事情，就是作恶。如果是有利于别人的事，即使是打人、骂人都是行善；如果只有利于自己，那么即使恭敬人、对人有礼貌也是恶行。所以人们行善，有利于别人就是出于公心，出于公心就是真的；有利于自己就是出于私心，出于私心就是假的。发自内心的行善才是真的，只是为了模仿别人来行善就是假的。做善事不是出于某些目的就是真的，出于某种不可告人的目的就是假的。这些道理都需要自己去认真地体会。"

☞主题阅读链接

善行是分为真善和假善的。所谓的真善就是善行，假善就是恶行。那么怎么样区别真善和假善，了凡先生在这里是用一个例子来说明的。

有几个读书人去向中峰和尚讨教佛教学说里的善恶报应的道理。这里面就有一个问题，佛教所说的善恶报应就是善有善报，恶有恶报，这是一种简单的因果关系。佛教认为，世间一切事物，有因必有果，有果必有因。也就是说，世间一切事物都不是孤立存在的，任何事物都是有一定的原因和条件所导致的结果。善因必生善果，恶因必得恶果，善和恶的本质区别就在于因为行善或者是作恶而形成的结果。同样的，在儒家学说中也包含着大量的因果关系理论。儒家就是借用佛教的善有善报这种思想，劝人向善，安贫乐道，不要造反，要为了未来的幸福生活而努力，因此儒家思想才会成为统治阶级的主流思想。这就是问题所在了，既然双方都承认因果报应这个观点，那么那几个读书人有什么好向中峰和尚讨教的呢？

古代的读书人学的是什么，这应该是所有人都知道的，古代统治者以儒家思想治国，读书人想要走进仕途学的肯定就是儒家思想。但是有一点可能有些人不知道，元代读书人学的虽然是儒家思想，但却是宋朝程颢、程颐、朱熹等建立的程朱理学，已经是一种客观唯心主义思想体系了。程朱理学的诞生，一方面是由于佛教和道教思想对儒家思想的冲击所造成的，另一方面则是由于当时有一种儒家思想、道教思想、佛教思想三教合一的潮流。魏晋南北朝时期，佛、道盛行，儒学面临挑战；隋朝时，儒学家提出"三教合归儒"，又称"三教合一"；唐朝时，统治者奉行三教并行政策，儒学的地位受到挑战。因此，儒家学者展开了复兴儒学、抨击佛道的活动，而程朱理学从本质上来说是一场复兴儒学的运动，是当时中国有抱负有思想的学术群体对现实社会问题以及外来佛教和本土道教文化挑战的一种积极回应，他们在消化吸收佛道二教思想的基础上，对佛道二教展开了文化攻势，力求解决汉末以来中国社会极为严重的信仰危机和道德危机。

正是由于这些原因，导致了儒家思想和佛教思想的严重冲突。而这种冲突最主要的表现形式就是以程朱理学为代表的儒家思想对佛教思想的攻击。在程朱理学的代表人物或者说是集大成者朱熹的作品《四书集注》中，反反复复地强调着一个观点，那就是否定因果之间的关系，认为因果关系根本就是不存在的。要知道，朱熹在历史上是被誉为一代儒学宗师的人，在儒家的地位仅次于孔子和孟子，所以他的思想肯定会受到后来的读书人的追捧。所以，那几个读书人向中峰和尚讨教善恶报应、因果报应的问题就不奇怪了，因为朱熹就是认为因果报应不存在。

"何谓端曲……"

——谨愿之士和狂狷之士

【原典】

何谓端曲？今人见谨愿①之士，类称为善而取之。圣人则宁取②狂狷③。至于谨愿之士，虽一乡皆好，而必以为德之贼④。是世人之善恶，分明与圣人相反。推此一端，种种取舍，无有不谬⑤。天地鬼神之福善祸淫，皆与圣人同是非，而不与世俗同取舍。

【注释】

①谨愿：忠厚老实。

②取：肯定，欣赏。

③狂狷：豪放又有原则的人。

④德之贼：败坏道德的人。

⑤谬：差错。

【译文】

　　什么是端正和扭曲？现在人们见到忠厚老实的人，都对他们是一种肯定和欣赏的态度。但是古代圣人宁愿喜欢那种豪放但是有原则的人。至于忠厚老实的人，虽然一个地方的人都很喜欢他们，但是圣人认为这种人一定是败坏道德的人。因此，普通人眼中的善恶与圣人眼中的善恶是相反的。由此推断，普通人对世上种种事情的判断，没有不是错误的。天地鬼神造福善人、祸害恶人，与圣人的看法是一样的，而不是和普通人一样的。

☞主题阅读链接

　　这段主要讲的是什么是端正的善行和扭曲的善行，它们之间有什么区别。了凡先生列举了一个谨愿之士的例子来说明世人分不清善恶观念，因为世人所说的善恶和圣人所说的善恶很多时候是完全相反的。

　　谨愿之士，就是指那些谨慎老实的人，说白了就是那些没有道德原则的老好人。这种人基本上都没有自己所坚持的原则和立场，别人说什么他们就是什么，别人让做什么他们就去做什么。他们只会为别人摇旗呐喊，而不会成为被别人摇旗呐喊的对象。就像在一个团体里面，所有人一起讨论对于团队的看法，当有人提出对团队的想法或者意见之后，这种老好人不会自己想一想其中包含的东西，也不会产生自己的任何想法，只是为这种意见叫好；而当有其他人提出不同意见时，他同样是同意的意见；即使是双方发生了辩论，这种老好人也只会劝解双方，依然不会明确表现出支持或反对哪一方。一般来说，这种人的人缘都很好，因为无论什么时候他们都不得罪人；很多时候也都会被别人当成知己，因为他们总是很同意其他人的看法。由于看起来很和善，基本上从来都不反驳别人，所以这种人是很受普通人喜欢的。

但是，对于谨愿之士这种老好人，古代的圣贤们是十分不喜欢的，反倒是那些狂狷之士让古代的圣贤们十分欣赏。所谓的狂狷之士，是指那些志存高远、有思想、有主见、能坚持自己的看法和原则的人，简单一点说就是和谨愿之士相反的人，说白了就是真性情，率性而为，就是有"虽千万人吾往矣"那种气魄的人。儒家思想里把真性情看作做人与做学问的基础，《中庸》开篇便强调"天命谓之性，率性之谓道"，认为率性而为才是真正体现出对天道的敬畏，只有把外在天命转化为内在的真实性情，才是真正的求道。孔子认为："狂者进取，狷者有所不为也"，意思就是说狂者一般性格外向，不拘一格，狂放激进；而狷者大多数性格内向，清高自守，能独善其身，而狂狷之士这一张一弛之道才是历代儒家学者的追求。

朱熹在《论语集注》中曾经写道："狂者，志极高而行不掩。狷者，知未及而守有余。"意思就是说狂者有很高的志向，做事情也从不懈怠，很有进取心，但是在能力上却满足不了志向的需求；而狷者洁身自好，安守本分，懂得知足，知道多少就行多少，道德原则极为强烈。相对于人云亦云的谨愿之士，狂士和狷士的行为更好一些，所以更受古代圣贤的推崇。

了凡先生在这里列举谨愿之士的例子，主要就是为了说明普通人和古代圣贤对于善恶的认定标准不同。究竟是世人的看法正确还是圣人的看法正确呢？这里了凡先生给出了明确的答案，当然是圣人的看法正确。因为天地鬼神造福善人、祸害恶人，是与圣人的看法一样的，而不是和普通人一样的。

大家都知道，古人对于天、地、鬼、神都是十分敬畏的，从经常祭祀天地鬼神这点就能够体现出来。迷信会导致人们对于天地鬼神的盲目崇拜，认为天地鬼神所做的事情无论是福善祸淫都是正确的。但是，天地鬼神福善祸淫的标准和古代圣人们是相同的，所以在善恶的认定标准上，圣人才是正确的。既然天地鬼神不会采取世人的看法，那世人对于善恶的评价标准就是错误的。

"凡欲积善……"

——端正自己的善行

【原典】

凡欲积善，决不可徇①耳目。惟从心源②隐微处，默默洗涤。纯是济世之心，则为端；苟有一毫媚世之心，即为曲。纯是爱人之心，则为端；有一毫愤世之心，即为曲。纯是敬人之心，则为端；有一毫玩世之心，即为曲。皆当细辨。

【注释】

①徇（xùn）：遵照。

②心源：内心最隐秘、细微的地方。

【译文】

凡是想要积德行善的，都不能遵照自己所听、所看到的来决定，而是要在自己的内心深处默默地洗涤净化之后决定。纯粹抱着一颗济世救人之心的，就是端正的善；一旦有一点迎合世俗的心理，就是扭曲的善。纯粹是热爱世人的心，就是端正的善；哪怕有丝毫愤世嫉俗的心理，就是扭曲的善。纯粹是敬畏世人的心，就是端正的善；哪怕有一丝玩世不恭的心理，就是扭曲的善。这些都要细细地去分辨。

☞ 主题阅读链接

了凡先生认为，世人和圣贤对于善恶的评定标准是不同的，但是很明显世人是错的，古代圣贤们的标准才是正确的。所以世人在判断一件事情或一种行为是善还是恶的时候，绝对不能遵照自己所听、所看到的，而是要默默地洗涤自己的内心，在内心深处默默地分析、辨别之后再决定。这里就说得很清楚了，既然世人评价善恶的标准是错误的，那么就一定不能再坚持原来的标准。但是圣人的道德思想又相当高深，世人是难以捉摸的，所以又一时难以把握圣贤们的标准。在这种情况下，又应该怎样去判断一件事或一个人是善还是恶呢？既然一时间找不到合适的办法，那么就要洗涤自己的心灵，敞开自己的心扉，在判断善恶的时候不要盲目地妄下结论，而是仔细默默地分析思考，慢慢地判断，这样就会逐渐形成一个正确的判断善恶的标准，逐渐地向圣人的标准去靠拢。

当然，了凡先生在这里说洗涤心灵还有另外一层意思，那就是说在做善事的时候不能去想那些乱七八糟的东西。当人在做善事的时候心无杂念或者只是想一些简单的好人有好报之类的想法时，那做善事是没问题，也会顺利地积累下功德；但是如果做善事的时候心里面想的是做完之后能获得什么样的利益或者是心里面藏着一些不可告人的目的，那做完所谓的善事之后就不会获得功德了，因为在那种情况下做出的根本就不算是善事。说白了就是为了做善事而做善事的时候，那就会产生功德；但是如果是为了其他不可告人的目的而做善事时，就不会产生功德。按照了凡先生的说法，这两种情况都可以勉强算作做善事，但是前者是端正的善事，后者是扭曲的善事，不纯粹的善事。

对待别人要忠诚，做自己分内之事的时候要尽心尽力。要孝敬父母，和兄弟姐妹团结友爱，同时也要尊敬长辈。人与人之间要相互关心、爱护。这个世界没有谁欠谁的说法，如果别人关心你，那你一定也要关心别人。尊老爱幼，有一颗慈悲之心，多多去帮助有需要的人。爱护身边的一草一木，同时也不能轻易决定其他动物的生死，凡是生命都值得尊重，不能随意加以伤害。要是见到凶恶的人，就应该怜悯他的无知，婉言劝导他，使他改恶从善，以免招来祸患；要是见到行善的人，应该赞美褒奖，达到鼓励他人的目的，同时使自己也生出向善之心；当身边的人遇到一些难处的时候，不要置身事外，应设法给予周济；当身边的人有危险的时候，不能放任不管，应尽力给予救护。对于别人得到的好处，不应该心怀嫉妒，而是与人同乐；在别人失意的时候，不能落井下石，而是应该感到悲伤难过。不可以随便对人宣扬他人的缺点和短处，更不可以向他人夸耀自己的优点和长处。大家都要得到的东西，不妨让给别人多得一些，自己少取一点，不要总是因为一些微小的利益而斤斤计较。干大事而惜身、见小利而忘命的做法不可取。宠辱不惊，施恩不求报，才是真正的善人。

能做到上面这些，那就能算作是一个"众善奉行"的人了，也就是说能做到三端了。如果真正做到了三端，就根本用不着再去分辨自己所做的事情是不是济世、是不是爱人、是不是敬人了，因为这种情况下做出的毫无疑问是善事，众善奉行已经把一切善事都包含在内了。

"何谓阴阳……"

——学会积阳善和阴德

【原典】

何谓阴阳？凡为善而人知之，则为阳善；为善而人不知，则为阴德。阴德，天报①之。阳善，享世名。

【注释】

①报：报答。

【译文】

什么是阳善和阴德？凡是做了善事而被人知道的，就是阳善；做善事却不被人所知道的，就是阴德。积阴德，上天会报答的；有阳善，会在世间享有盛名。

☞ **主题阅读链接**

阴阳是中国古代人以哲学的思想方式归纳出的概念，表示事物普遍存在的相互对立的两种属性，并且已经渗透在中国传统文化的各个方面，包括思想、宗教等等，当然也包括了凡先生所提出的为善之道。

了凡先生在这里所提到的阴阳，主要指的是做善事之后所得到的结果：即阳善与阴德。由于阴和阳之间是相互对立且统一的两种情况，所以，阳善和阴德也是相互对立的，但是却统一于做善事之中。所谓的阳善，就是指一个人在做了善事之后，大力地宣传出去，让所有人都知道他做了一件善事，从而通过这种行为使自己获得相应的名声；而所谓的阴德，则是指一个人在做了善事之后，不会到处宣扬，也不需要让别人知道，自己依然还是那样默默无闻，不被别人关注。

　　虽然这两种方法都是行善，但是作为普通人显然更关注积累了阳善的人。做善事是一种传统美德，在中国，无论是古代还是现代，对于这种传统美德的教育都十分重视。例如中国古代就有"勿以恶小而为之，勿以善小而不为"、"善有善报，恶有恶报"、"善须是积，今日积，明日积，积小便大"等等；而现代教育中对于做善事的宣传也是不遗余力，就像"助人为快乐之本"、"送人玫瑰，手有余香"等，这些都是对于做善事的宣传。同时，惩恶扬善的思想一直以来都是社会的主流思想，做善事被别人知道了就会受到大力的宣传，甚至会成为千古美谈；而作恶多端就必然会受到法律的惩罚。所以说，行了阳善的人由于大力的宣传必然会受到人们的关注。而且由于教育思想对于做善事的肯定态度，使普通人都认为做了善事的人就是好人，因此行阳善的人当然就是好人，既然是好人那名声自然也就好，所以行阳善的人会在世间留下很好的名声。

　　积累阴德的人就不同了，由于做善事没人知道，自然就没有人会去关注，也自然就没有四处传播或者是流传千古的名声了。但是有一句话叫作"人在做，天在看"，一个人的一举一动都被老天看在眼里，上天不会放过一个坏人，也不会错杀一个好人，所以积累了阴德的人自然会有老天的报答。

　　从上面能够看出阳善和阴德的不同：行阳善的人会在做了善事之后马上就能得到报答，那就是获得巨大的名声；而积累了阴德的人就要看老天什么时候赐给回报，也许很快，也许很久，当然大多数时候都回报到了子孙后代身上。

"名，亦福也……"
——不要太在意名声

【原典】

名，亦福也。名者，造物所忌，世之享盛名而实不副者，多有奇祸。人之无过咎①而横②被恶名者，子孙往往骤发。阴阳之际微矣哉！

【注释】

①过咎：过错。

②横：无辜，意外。

【译文】

名气，也是福气。名气，也被造物主所猜忌；在世间有很大名气却没有真材实料、名不副实的人，常常会遭受到意想不到的灾难。一个没有过错的人却无辜有了恶名，那他的子孙经常会突然崛起。阴和阳之间的关系真是微妙啊。

☞**主题阅读链接**

名声这个东西当然也是分为两个对立面的，那就是好名和恶名，当然这都是名传千古的。好的名声肯定会流传千古、成为美谈的，就像"孔融让梨"、"程门立雪"等等，不仅让他们的名声流传千古，而且他们做的事也成为现代老师教育学生和家长教育孩子的榜样；恶名那就是遗臭万年了，就像是当初以"莫须有"罪名害死岳飞的大奸臣秦桧，到现在依然让人唾弃。

好的名声对于一个人有很大的帮助，可以赢得尊重，让人在做事的时候得到更多帮助。

东汉末年，军阀割据的初期，袁绍成为了当时最大的一方诸侯，实力最大的时候曾经独占黄河以北的冀州、青州、幽州、并州，是何等的霸气啊。那他能得到这么大的势力都是他自己努力获得的吗？并不全是，他们袁家四世三公的名头就给了他很大的帮助。如果没有四世三公名声的帮助，绝不会有那么多的士族门阀家族甘心为他效力，捐钱捐粮；更不会有那么多的谋臣、猛将纷纷投靠他。袁绍的成就，离不开四世三公这个名声的帮助。当然，也或许就是因为这么大的名声，导致他做事情十分容易，最后养成了色厉内荏、好谋无断、多疑、小肚鸡肠的性格，最终导致了他的失败。但是强大名声对他的帮助是不可否认的。

再说一说和袁绍同一时期的另一个枭雄刘备，他的一生之中，名声这个东西更是他能取得所有成就的最大助力。刘备的发迹是从黄巾起义开始的，那么在那之前的二十多年他在干什么呢？用袁术的话来说，他就是一个"织席贩履之徒"，说白了其实就是一个小手工业者、商人。按古代士、农、工、商这样的层级划分来看，他是最下等的一类人。但是为什么后来他能成功地崛起呢？就是因为名声。用汉室宗亲的名头结识了他的两个义弟关羽和张飞，之后平定黄巾起义治理一县，开始渐渐传出了仁德的名声，后又被皇帝承认为皇叔，得徐州、占荆州、霸益州，最后建立蜀汉，三国鼎立，这些都离不开刘皇叔仁德的名声。

虽然名声是个好东西，但是也不能不择手段去追求。刻意地追求名声，喜好名声，这样对人没有好处，只有害处。佛说："人随情欲，求于声名，声名显著，身已故矣。贪世常名，而不学道，枉功劳形。譬如烧香，虽人闻香，香之烬矣。危身之火，而在其后。"这就是佛家教育人们好名声没有好处，只有害处。

"人随情欲，求于声名"，就是说人们会根据自己的情感、欲望而去追求一个好的名声。所谓的名声首先要有"名"，"名"就是人活在这个世界上的社会地位、虚荣心、欲望心理等；其次还要有"声"，"声"就是指人的"名"要广泛地流传。人们追求名声，就是为了满足自己的欲望。

"声名显著，身已故矣。"这是大部分刻意追求名声的人的结果：当终于有了一点名声的时候，才发现自己已经老了，名声这种东西已经没有什么用处了。或许这个时候回过头来才会发现，一生之中只顾着追求名声了，生活的滋味却半点都没有体会到，得不偿失啊。

"贪世常名，而不学道，枉功劳形。"这里的"功"指的是专一做事情的精神。意思是说贪图世间上的名声而专心去追求，却不去学道和增长智慧，那这种专一的精神就白费了，只是在浪费时间而已。

"何谓是非……"

——子贡赎人不受金是非善

【原典】

何谓是非？鲁国之法，鲁人有赎人臣妾①于诸侯，皆受金于府。子贡赎人而不受金。孔子闻而恶②之，曰："赐③失之矣！夫圣人举事，可以移④风易俗，而教道可施于百姓，非独适己之行也。今鲁国富者寡而贫者众，受金则为不廉，何以相赎乎？自今以后，不复赎人于诸侯矣。"

子路拯人于溺，其人谢之以牛，子路受之。孔子喜曰："自今鲁国多拯人于溺矣。"自俗眼观之，子贡不受金为优，子路之受牛为劣。孔子则取由而黜⑤赐焉。乃知人之为善，不论现行，而论流弊⑥。不论一时，而论久远。不论一身，而论天下。现行虽善，而其流足以害人，则似善而实非也。现行虽不善，而其流足以济人，则非善而实是也。然此就一节论之耳，他如非义之义，非礼之礼，非信之信，非慈之慈，皆当抉择。

【注释】

①臣妾：春秋时期对奴隶的称呼。男性奴隶称为臣，女性奴隶称为妾。

②恶：厌恶。

③赐：这里指子贡。

④移：改变。

⑤黜（chù）：贬低。

⑥流弊：影响。

【译文】

什么是是和非？以前鲁国有法律规定，鲁国如果有人赎回被俘虏到别国的奴隶，都会得到官府赏赐的金子。子贡赎回了奴隶却没有接受官府赏赐的金子。孔子听说后很不高兴，说："子贡做错了。一般圣人的行为，都是可以改变风俗的，还可以用来教导百姓，并不仅仅是个人的行为。现在鲁国富人少而穷人多，如果接受官府赏赐的金子就是不廉洁，那么以后谁还去赎回奴隶呢？从今以后，再也没人会从其他国家赎回鲁国人了。"

子路拯救了一个落水的人，那个人用自己的牛感谢子路，子路接受了。孔子高兴地说："以后鲁国有人落水的话，一定会有人出手相救的。"

用世俗的眼光来看，子贡不接受金子的做法是正确的，子路接受牛的做法是错误的，但是孔子则赞赏子路贬低子贡。要知道人们行善，不仅当时有效果，以后也会有影响；不能只看到一时的效果，还要看长远的效果；不要只考虑自己的感受，而要看对天下大众的影响。现在看来是一个做善事的行

为，但是对长久的影响是坏的，这就是看着是行善但其实并不是；现在看虽然不是行善，但是它的影响却可以改变人们的思想，达到济世救人的目的，那么虽然不是做善事，但实际上这才是真正的善行。然而这只是就一件事来讨论而已。其他的比如看似无义的义举，看似无礼的礼仪，看似不讲信用却诚实守信的举动，看似不慈爱却大慈大悲的举动，都需要自己去抉择。

☞主题阅读链接

所谓的是与非，说白了就是简单的对和错的问题，面对一件事情的时候，什么样的做法是对的，什么样的做法是错的？了凡先生在这里举例进行了讲述。对和错的问题很难分得清，因为每个人所处的环境、地位和高度是不同的，看问题的角度也是不同的；做事情的方法不同，得到的结果自然也就不同，所以不可能把对错说得十分清楚。了凡先生这里主要讲的是判断一件事情是非对错的标准，当然主要是为了讲述圣贤之人与普通人的不同。

了凡先生讲的第一个故事是孔子的弟子子贡的故事，第二个故事是孔子的弟子子路的故事。

按照普通人的认知来说，子路做了好事，这种时候应该谦虚一下，选择推辞、拒绝接受溺水之人送的那头牛的，当然也有实在拒绝不了而接受的那种情况发生，但是总归是要走一下推辞这个程序，毕竟谦虚礼让是中华民族的传统美德。但是，让人意想不到的是，像子路那样品格高尚的人居然连推辞一下都没有，而是直接就接受了。这不禁会让普通人联想：这样的人真的能称得上是品德高尚吗？怎么能做出这么错误的事情呢？孔子怎么能允许他的弟子做出这样的事情？

但是，孔子却表示子路的这种做法是完全正确的。孔子认为，子路救了别人一条命之后能够获得一头牛作为回报，并没有吃亏，这就会让人们也都知道见义勇为能够获得别人的回报，到时候鲁国见义勇为、助人为乐的人只会越来越多，就会使鲁国的风气变得越来越好。所以说子路这种做法是正确的，因为这是能够起到带动作用的事情，并且还是往好的方面去发展。

子路的这种做法确实是好事，虽然说收下别人的感谢礼品这个行为本身不好评价，但是他这样的做法却是起到了一个劝善的作用，而这种作用远远比他救人这件事情本身的功德大得多，因为从此以后鲁国再有人落水的话一定会有人去相救了，这些到时候都可以算作是子路的功劳。所以说子路这种行为看似是恶行，其实是为了行善，是真正能积累功德的，连孔子也夸赞子路的这种做法。

读完了凡先生讲的两个故事之后，就会发现一个问题，那就是像孔子那样的圣贤之人和普通人之间对于对与错的标准也出现了分歧，往往普通人认为是正确的事情，圣贤们却认为是错误的；而普通人认为是错误的事情，在圣贤的眼里却是无比正确的。对此，了凡先生认为还是古代圣贤们的看法正确。

在普通人眼里行为正确的子贡，在孔子眼里却是做了一件错误的事情，因为他的行为可能会导致没有人再去赎回奴隶；而在普通人眼里行为错误的子路在孔子眼里却是做了一件很正确的事情，因为他的行为使得以后鲁国溺水的人不用再担心没有人来相救了。之所以会有这样的不同，是因为普通人只看到了眼前，而孔子看得更远。我们无论做什么事情都要有一个长远的计划，想得远一些，不要光顾着眼前的利益，也要想到深远的影响。同时，做事情也不能只凭借自己的喜好，只顾虑自己的得失，而是要多站在别人的角度考虑，做事情的时候尽量照顾到每一个人。做善事其实也是一样的，不能仅凭自己的喜好，认为是善事就去做，而完全不顾做出这件事之后的影响。

就像子贡一样，只是因为自己品德高尚并且不缺钱就不去接受官府的赏赐，结果导致再也没有人为鲁国赎回奴隶这样严重的后果，看起来是善事，时间长了所产生的结果却是恶性的，那这就是恶事了。有些事情看着是恶行，也不要急于否定，就像子路救人收牛一样，表面上看来子路接受那头牛是不对的，但是实际上呢，子路的行为却影响了很多人，让更多的人懂得见义勇为了，从长远的影响来看，这个就是好事情。

当然，似善实恶、似恶实善这类的事情还有很多，看似是不义之举，而实际上却是大仁大义，看似是大仁大义，而实际上却是不义之举；看似是非礼行为，而实际上却是符合礼节，看似符合礼节，而实际上却悖逆伦理等等，人们在面对这样的事情的时候一定要分辨清楚再下结论，否则的话很容易发生犯错误的情况。

"何谓偏正……"

——提防善心做恶事

【原典】

何谓偏正？昔吕文懿公①，初辞相位，归故里，海内仰之，如泰山北斗②。有一乡人，醉而詈之。吕公不动，谓其仆曰："醉者勿与较也。"闭门谢之。逾年③，其人犯死刑入狱。吕公始悔之，曰："使④当时稍与计较，送公⑤家责治，可以小惩而大戒。吾当时只欲存心于厚，不谓养成其恶，以至于此。"此以善心而行恶事者也。

【注释】

①吕文懿公：明代人，姓吕名原，号介庵，死后谥号文懿。

②泰山北斗：这里形容声望巨大。

③逾年：过了一年。

④使：假如。

⑤公家：这里指官府。

【译文】

什么是偏和正？当年吕文懿公刚刚辞掉了宰相的职位回到家乡，很多人都仰慕他，他的名气就像泰山北斗一样高不可攀。有一次，一个同乡人喝醉酒之后骂他，吕公并没有生气，只是对仆人说："喝醉酒的人就不要计较了。"

之后他就闭门谢客了。

过了一年之后，听说那个人犯了死罪进了监狱，吕公这才感到后悔，说："如果当时我稍稍和他计较一下，或者把他送到官府受罪，这样既可以惩罚他，也可以警告他以后不要犯这样的错误。我当时只是宅心仁厚，没想到却养成了他的恶习，所以才弄成现在这个样子啊。"这就是出于善心却做了恶事的行为。

☞主题阅读链接

了凡先生所说的偏和正其实就是善和恶，而生活中经常会出现偏中带正或是正中有偏的事情，所以好心却办了坏事和抱有恶心却办了好事的情况也经常出现。这段讲的主要是一个好心办了坏事的例子。

在这里了凡先生提到了一个人，那就是吕文懿公。吕文懿公，就是吕原，字逢原。吕原是明朝正统七年的进士，当过翰林院编修、翰林院学士等官职。在明英宗天顺元年进入内阁，也就是明朝权力的中心。后来还主持过会试，也就是科举考试的一种，

并选拔出后来勤俭节约、刚正不阿的一代名臣陈选。吕原在天顺六年的时候由于母亲去世而回家奔丧，因忧郁过度不久后死去。他曾主持编修过《历代君鉴录》、《寰宇通志》等书籍，他的著作还有《通鉴纲目续篇考正》、《介庵集》等。而了凡先生说的这个故事就是发生在他刚刚回家奔丧的时候。

吕原是当时响当当的人物，弟子众多、桃李满天下，仰慕他人品和才学的人不计其数。当时他刚回乡的时候，有一天一个喝醉了酒的普通人居然冲进他的家里当众辱骂他。吕原身边的人都不能容忍这个喝醉酒的人当众骂吕原，他们要教训这个人。但是吕原却制止了，他让旁边的人不要和一个醉汉斤斤计较，把他赶出去之后就不再理睬。

本来这只是一件小事情，对吕原这样的大人物来说更是不值得一提。但是一年之后发生的一件事却让吕原对他当时的这个做法追悔莫及。一年后，吕原突然听说当初骂他的那个醉汉因为犯了死罪而被官府关进了监狱，要执行死刑了。这个时候他后悔了，他觉得如果当初能稍稍教训一下那个骂他的醉汉，那这个醉汉也就不至于犯下这么大的错误了。或许有人会不理解，宽容是美德，为什么说惩罚一下更好呢？

其实不然。有时候，一个人做了事情不知道对错或者是明知道是错误的，如果身边的人没有批评或阻止他的话，那么这个人就会觉得他所做的事情是没有问题的，所以就会变本加厉地去做比之前更严重的事情。那个醉汉骂吕原就是因为喝醉了酒，所以酒醒之后一定会感到害怕，害怕吕原让人来找他的麻烦，但是很久也没有等来吕原的报复，于是就觉得自己很有本事了，连吕原也不敢来找他的麻烦，之后肯定胆子越来越大，最后就控制不住自己了。可能他会觉得，辱骂朝廷大员都没什么事，欺负别人更没什么大不了的。正是这样的原因，让那个人犯的错越来越大，最终无法弥补。

其实，对于吕原当时对待醉汉的那种做法，是没有什么可以指责的。他原本只是心存善意，所以才没有和那个骂他的醉汉斤斤计较，希望那个醉汉能够意识到自己的错误，之后能去改过自新，不曾想那个醉汉不仅不思悔改，还变本加厉。

那个犯了死罪的醉汉并不值得同情，吕原为了他而感到后悔也不值得。

每个人对自己都要有一个清醒的认识，什么事情可以做、什么事情不能做，这样才能保证尽量少犯错误。就像那个醉汉，他得知吕原不打算找他的麻烦后就产生了侥幸的心理，一再犯错，最终受到了刑罚。

了凡先生在这里说的善心做恶事，指的就是一个人要有公正的心，对于恶人恶性不能纵容。人的一生中是不能缺少批评和惩罚的，只有被批评过、受到过惩罚的人才能真真正正地成长起来，过度地纵容只会害人。就比如说父母教育孩子：有些父母特别溺爱孩子，所以就放纵孩子，不去认真管教，即使是犯了错也是睁一只眼闭一只眼，期待着孩子能够自己去改正，总是觉得孩子犯错误是一件正常的事情，可是结果呢？所谓"三岁看老"，这样的孩子长大后大多数都是自私自利、不辨是非甚至是为非作歹的，因为他们不认为他们做的事情是错的。再有就是不孝，很多不孝顺的人都是由于小时候被父母过分溺爱所造成的。这样的父母其实就是以善心办恶事。相对的也有另一种家长，他们从来不溺爱孩子，孩子犯了错误就一定要进行批评或惩罚，教育孩子改正，这样的家长教育出的孩子长大后多半都会成才，并且很少犯错误。

所以说，对于恶人恶性，一些适当的批评和惩罚是有好处的。无论做什么事情，一定要好好地想一想自己做的是不是真正的善事，不要到头来像吕原一样，抱着一颗善良的心却做了一件错事。

"又有以恶心而行善事者……"

——恶心可以做善事

【原典】

又有以恶心而行善事者，如某家大富，值岁荒，穷民白昼抢粟于市。告之县，县不理，穷民愈肆。遂私执而困辱①之，众始定②，不然，几乱矣。故善者为正，恶者为偏，人皆知之。其以善心而行恶事者，正中偏也。以恶心而行善事者，偏中正也。不可不知也。

了凡四训全鉴典藏诵读版

【注释】

①辱：使受到侮辱。

②定：安定、平静。

【译文】

也有出于险恶的用心却做了善事的人。例如，一个有钱的人家，赶上灾荒之年的时候，穷人们在白天就到街市上抢他们家的粮食。去县衙报案，县衙根本不管，导致穷人们越来越放肆，于是就决定自己派人把抢粮的人抓起来了，这样才让人们安定下来，要不然就乱了。因此，做善事是正，做恶事是偏，这是人人都知道的。但是抱着一颗善心而做恶事的人，是正中带偏；但那些抱着恶心却做了善事的人，是偏中有正。这些道理是不能不知的。

☞主题阅读链接

在古代，无论是天灾还是人祸，受害的最终都是普通百姓和穷苦人家，特别是发生天灾的时候，甚至连树皮、草根什么的都成为百姓的主要食物，还会饿死很多人，可是在这时候那些有钱的大户人家依然可以大鱼大肉。最重要的是，那些有钱人家里就算粮食等东西再多，就算是吃不了放到腐烂，也不会分给穷人的，就像杜甫在《自京赴奉先县咏怀五百字》中所描述的那样："朱门酒肉臭，路有冻死骨。"

了凡先生在这段讲的故事的背景就是一场严重的天灾。天灾之后就是荒年，老百姓又没有粮食吃了，只能饿着。而有钱有粮食的大户人家，就会在这个时候囤积居奇或者是大肆高价倒卖粮食，他们一点同情心都没有，为了自己的利益做出了那些事情，他们做的这种事情本身就是恶事。

荒年来了，粮食的价格又上涨了，一个大户人家把自己家多余的粮食拿到街市上高价去贩卖，准备狠狠地赚上一笔。而在这个时候呢，那些普通的百姓为了吃饭，他们就铤而走险抢那个大户在街上贩卖的粮食。

自己家的粮食被抢了，那有钱人肯定不能善罢甘休，他把抢粮食的百姓告到了县衙里。可是县令根本就不管，挨饿的百姓实在是多啊，县令觉得根本就镇压不住。

县令大人不管，导致那些抢粮食的人更加肆无忌惮。结果那个有钱的大户就更愤怒了，他是绝对不能看着自己的粮食被人白白抢走的，于是他决定自己来解决这个问题。他召集了自己的家丁、护院和自家的佃户等青壮年把那些抢粮食的人抓了起来。

从整件事情来看，这个抓人的有钱大户是个彻头彻尾的坏人、恶人，想想啊，自己家明明有多余的粮食，不但不分给那些没有饭吃的百姓，反而借机大发灾难财，这不就是作恶吗？再说了，居然把那些手无寸铁又饿得前胸贴后背的普通百姓抓起来又打又骂，这难道还不够坏吗？虽然说从整个事件的过程中来看，这件事都是一件坏人以坏心办的坏事，但是事实真的是这样吗？在普通人眼里这件事是坏事，但是要是从事件的结果以及影响上来看，这件事其实算得上一件好事。

这件事情好就好在这个有钱的大户及时制止了百姓抢劫粮食的行为。如

果当时那些抢粮的百姓的行为不能得到及时制止的话，那么一定会有更多的百姓加入抢劫粮食的行列中来，抢劫的人越来越多，他们的胆子也会越来越大，那抢劫的范围自然也就越来越大。况且一旦他们在抢劫中尝到了甜头，那说不定以后就会以抢劫为职业了。当这种抢劫的规模越来越大时，就很可能被有心人利用，或发展成叛乱和起义。所以，从长远的角度看，这个有钱的大户其实是成功阻止了一场农民起义或者是暴动的发生。虽然他的行事都是恶性，心也是恶心，但是他就是办了一件善事。这样的人就是以恶意为出发点却做了善事的。

真正的善和恶还是要看一件事情的影响来决定的：如果一件事有一个好的影响，那么即使做这件事情的人抱有恶意，也不能因此而否定这件事情；而如果一件事情的结果对后面产生不好的影响的话，那么即使做事情的人是善心，也不能肯定这件事情是好事。所以，做事情之前一定要多多地思考，尽量在做完事情之后，让事情的结果向好的方面发展。

"何谓半满……"
——给予他人足够的善行

【原典】

何谓半满？《易》曰："善不积，不足以成名；恶不积，不足以灭身。"《书》曰："商①罪贯盈②，如贮物于器。"勤而积之，则满；懈而不积，则不满。此一说也。

【注释】

①商：这里指商纣王。

②贯盈：指罪大恶极、恶贯满盈。

【译文】

什么是半善和满善?《易经》上说:"没有善行的积累,就不会在世上享有名气;没有恶行的累积,也不会造成杀身之祸。"《尚书》上说:"商纣王罪大恶极,他的罪过就像把东西装满了容器。"勤于积累善行,就是满善;因为懈怠而不积累善行,就不是满善。这是半善和满善的一种说法。

☞主题阅读链接

了凡先生在这里所说的半和满就是字面上的意思,满就是说很充足,到了一定的限度;半就是指不完全、不是全部。任何事物都有可能包含着半和满两个方面,而通常这两个方面对事物所造成的影响又是不同的,不说别的,善和恶就是这样的。半善和半恶与满善和满恶所造成的结果就一定是不同的,在这里了凡先生用了《易经》和《尚书》里的语句进行了解释。

《易经》上说:"善不积,不足以成名;恶不积,不足以灭身。"这句话的意思是说,如果一个人能把善积累到满善的程度,那么这个人就一定能够名扬天下;如果一个人作恶做到了满恶的程度,那么这个人就等着灰飞烟灭。其实还有一点隐藏的意思,那就是只有满善和满恶才能得到名扬天下或者是灰飞烟灭的结果,而半善或者是半恶基本上是不会得到这样的结果的。

无论是古代还是现代,行善的人和作恶的人都有很多,但是为什么能被人们铭记的却只有区区的少数人呢?就是因为能被我们记住的人都是真正的大善人、大好人或者是大奸人、大恶人,也就是说他们达到了满善或者是满恶的境界。至于那些善有一点点或者是恶有一点点的人,就是半善和半恶的人。

为了能够解释得更加清楚一些,了凡先生又用了《尚书》中的一段话:"商罪贯盈,如贮物于器。"其实这句话主要是用来评价商纣王的,意思是说商纣王所犯下的罪孽就像在一个容器中装满了东西一样,已经满得不能再装别的了,就是说他犯下的罪过很大。就是告诉大家商纣王之所以能够被人铭记,就是因为他已经达到满恶的状态了。提起商纣王,大家会想起什么,那肯定是耗费巨资的宫殿、酒池肉林、炮烙之刑、杀人吃心、祸害忠臣、宠爱妖妃，这一桩桩、一件件，哪一个不是罪大恶极的事情？所以他能达到满恶的状态也是理所当然的。

中国古代有尧舜禹三位帝王，他们出生的时候也是普通人，并无特别之处。但就是因为他们能不断修身养性、获取功德、提升自己的道德品质，最后才能君临天下，教化万民，跻身到圣人的行列中，这都是因为他们不断累积德行才能达到这样的结果。古人说："人人可以为尧舜"，但是最终也就只有这传说中的尧舜，没有其他人能超越他们或者说达到尧舜的程度，这都是因为没有人能像尧舜那样积累那么多的德行。纣王并不是天生就是一个大恶人，传说他天资聪颖，闻见甚敏，并且在继位后重视农桑和社会生产力的发展，统一东南，把中原先进的生产技术和文化向东南传播，推动了社会进步和经济发展，促进了民族融合。从这里根本看不出纣王哪里像一个恶人。那为什么他到后来却成为了一个亡国之君并且还是历史上最昏庸的帝王之一呢？那是因为纣王在后期做了很多恶行、坏事。据说他在后期居功自傲，耗费巨资建造豪华宫殿园林和酒池肉林，创造炮烙等严酷刑罚，残酷镇压人民，杀戮功臣，残酷剥削人民，最终才失去民心灭亡的。纣王做的恶事，早就抵消了他的那些功绩，并且使他迅速地积累到了满恶的状态。由于他的这些恶行都是一点一点做的，慢慢地积累下来的。所以，不管是善事还是恶事，不管大小都不断地去积累，就会满盈。

其实不仅是善恶，积少成多是很普遍的道理。《道德经》中就有这样一句话："合抱之木，生于毫末；九层之台，起于累土；千里之行，始于足下。"当年秦国的丞相李斯也曾经在《谏逐客书》中写道："泰山不让土壤，故能成其大；河海不择细流，故能就其深；王者不却众庶，故能明其德。"荀子《劝学篇》中也曾写道："不积跬步，无以至千里；不积小流，无以成江海。骐骥一跃，不能十步；驽马十驾，功在不舍。锲而舍之，朽木不折；锲而不舍，金石可镂。"在《韩非子·喻老》中也写道："千丈之堤，以蝼蚁之穴溃；百尺之室，以突隙之烟焚。"凡事要想做大，都得从小处着手，一点一滴地做起，从眼前最基本的事物做起。

了凡先生在这里是想讲明一个道理，那就是为善的时候要持之以恒，积累多了，才会达到满善；做了恶事，就要赶紧停止，因为一旦开了头，积累下去就会恶贯满盈。平时做事，一定要做到"勿以恶小而为之，勿以善小而不为。"

"昔有某氏女入寺"……
——按照自己的能力奉献

【原典】

昔有某氏女入寺，欲施而无财，止有钱二文，捐而与之，主席者①亲为忏悔②。及后入宫富贵，携数千金入寺舍之，主僧惟令其徒回向而已。因问曰："吾前施钱二文，师亲为忏悔。今施数千金，而师不回向③，何也?"师曰："前者物虽薄，而施心甚真，非老僧亲忏，不足报德。今物虽厚，而施心不若前日之切，令人代忏足矣。"此千金为半，而二文为满也。

【注释】

①主席者：指寺院的住持。

②忏悔：这里指佛教中消除罪孽的方法。

③回向：佛教的一种修行功夫。指把自己的功德回馈给大众，使功德不缺失，又拓宽自己的心胸。

【译文】

以前有一个女人到寺庙里，想要布施却没有钱财，身上只有两文钱，于是就捐给了寺里，寺院的住持亲自为她忏悔、祈福。后来她进入了皇宫，变得富贵了，带着几千金去寺院布施，但是寺院的住持只让自己的徒弟去代为回向。

她问住持："我以前只布施了两文钱，大师就亲自为我忏悔；现如今我带来几千金来布施，大师却不亲自回向，这是什么原因呢？"

住持说："以前的两文钱虽然少，但那时候你是诚心诚意来布施的，如果不是我亲自来替你忏悔，就不能报答你布施的恩德；而现在虽然有几千金，但是你的心意却不像上次那样真切了，所以让我的徒弟代为忏悔就行了。"这就是几千两金子的布施只是半善，而两文钱的布施却是满善的道理。

☞主题阅读链接

在这里了凡先生讲了这样一个故事：古时候，有一个贫女，她认为是因为她前世不积功德，所以才有如此贫困之报，因此她决定要发善心布施。她带着自己仅有的两文钱来到一座佛寺，将浑身所带的两文钱全部布施给了佛寺。寺院住持听说后，赶快从正房中出来，并对众僧说："此事非小，我必须亲自为贫女回向。"寺院住持回向完毕后，就宣布贫女便是今天的功德主，是大布施，是大功德。几年之后，因为贫女功德巨大，所以有机会入宫变得富贵。忽然有一天想起今天的成就都是因为当日在寺院的布施，于是便带着千两黄金再次到那个寺院布施。但这次不同，寺院住持听说后，只是派了一个小沙弥出来，代为回向。

所谓布施，就是以自己所有，普施一切众生。布施分为三种：第一种是法施，即以清净心为人宣说如来正法，令闻者得法乐，资长善根之功。第二种是财施，此中又分两类：一是内财施，即以自己头目脑髓以至整个色身施于众生，如释迦如来行菩萨道，曾割肉喂鹰、舍身饲虎；二是外财施，即以自己所拥有的衣食财物施予他人，令彼不受饥寒的痛苦。第三种是无畏施，即众生若有种种灾难怖畏之事，能够安慰他们，帮助他们免去内心的怖畏。因此，布施其实就是行善。

回向是一种行为，是佛教众人对布施之人的回报，说白了就是别人对佛教做了善事，佛教的人把自己的功德传授给布施的人，但是在这个过程中又不会损失自己的功德。由于回向是人做出的行为，所以当然是功德越高的人所做的回向效果就越好了。

在故事里，那个贫女布施了两文钱就使得寺院的主持亲自回向，最终使贫女富贵。到这里，大部分人可能都会认为如果能布施更多的话，那寺院住持的回向应该是更隆重的。但是事实却让所有人都吃了一惊。这究竟是为什么呢？

她也很不解，但是小沙弥给了她回答："往日两文钱，却是你的身家性命，便是一颗赤诚真心，如今虽是黄金千两，但虔诚之心却比不得往日，所以住持特派我来，为你回向。"所以，布施看的不是金钱的多少，而是心中的诚意。

布施，是人人都可以做的事情，并不是可望而不可及的事情。诚然，一掷千金地为众生宣扬妙法，乃至为众生解除身心恐惧是布施，但是给别人一个微笑、一句爱语或者是一句赞叹，甚至是一分欢喜，又何尝不是布施呢？

布施，有一种崇高的道德意义：布施让人接受和理解慷慨的真正意义。有些人布施是因为宗教的理由或信条，这种不正确的动机不是真正的布施。

布施是抑制个人物质的贪欲，从而获得心的进长。一个人如果想获得心灵上的进长，就必须无我地布施；如果他有强烈的回报欲望，就无法生起正念，导致他更加贪婪。一个人应该经常无条件地伸出援手，帮助那些需要帮助的人，帮助他们获得利益，让他们得到快乐。

真正的布施是不要求任何回报的。如果企望有所回报，就不是布施而是交易了。一个人布施后，而萌生出控制受施者或受施团体，是一种不正确的行为。布施，不要企望别人的感激，人类是善忘的，但他们也一定会感邀你的布施。真正的布施，是不企望任何物质的回报；受施者，同样不需要为布施承担任何义务。

所有的善事都和布施一样，只要是源于一片赤诚真心，没有任何虚妄的杂念存在，那么就都能够得到无边无量的功德。就像是现在的义务捐款一样，有些身家亿万的富豪一捐就是几十万甚至上百万，但是那些无家可归的人也能够捐出好不容易获得的几块或几十块钱，这样的情况哪种人更值得人们感动和尊敬？当然是后面的一种。前一种人捐得多，但是对他们而言也不过是九牛一毛而已；而后一种人虽然捐得少，但是里面却包含着他们的心血甚至是倾其所有。

所以说，做善事最重要的就是心意，诚心诚意的人，做善事自然能得到功德，经常虔诚地做善事，那自然就能把善积累到满溢的状态；如果不是真心实意的话，即使是做一辈子的善事，那也永远都只能是半善。因此，做善事的时候一定要真心诚意，绝对不能带有别的杂念，否则很可能会起到相反的效果。

做任何事情都是一样的，真心诚意地去做总是会起到事半功倍的效果的，心存杂念就会影响做事的效率。而一个人的成功往往都是靠着做事情一点一滴积累的，如果心存杂念导致事情做不好的话，那样今天积累的东西少一点，明天积累的东西又少一点，就永远也不可能积累到获得成功的地步。所以，人在做任何事情的时候都要真心诚意、认认真真地去做。

"钟离授丹于吕祖……"

——不要只考虑眼前

【原典】

钟离①授丹于吕祖②，点铁为金，可以济世。吕问曰："终变否?"曰："五百年后，当复本质。"吕曰："如此则害五百年后人矣，吾不愿为也。"曰："修仙要积三千功行③，汝此一言，三千功行已满矣。"此又一说也。

【注释】

①钟离：指汉钟离。

②吕祖：吕洞宾。

③功行：传说中修仙达到的程度。

【译文】

汉钟离向吕洞宾传授点铁为金的方法，说是可以行善济世救人。吕洞宾问："点铁为金以后还会变成铁吗?"

汉钟离说："五百年以后才会再次变成铁。"

吕洞宾说："那岂不是祸害了五百年以后的人吗? 这是我不愿意看到的。"

汉钟离说："修炼成仙需要积累三千的功行，你说的这一句话，所需的三千功行就满足了。"

这是半善和满善的又一种说法。

☞**主题阅读链接**

中国有句老话叫"八仙过海，各显神通"，相信这句话一定是人们耳熟能

详的。而八仙，关于他们的故事在民间更是有无数的传说，当然他们也是人们非常熟悉的人物，了凡先生在这个故事里面讲的吕洞宾和汉钟离都是八仙之中的人物。

据说在吕洞宾还没有成仙之前，曾经拜汉钟离为师学习仙术和炼丹术等。既然当了人家老师就要教吕洞宾一些东西，因此汉钟离决定把点铁成金这个仙术教给吕洞宾。神仙都是善人，济世救人是他们的真正目，而汉钟离教点铁成金术给吕洞宾，就是希望他在学成法术之后能够用铁变成的金子去拯救更多穷苦的人。

点铁成金原本指的是用手一点就把铁变成金子的法术，但是在这里指的应该是古代的一种炼丹术，就是"黄白术"。古代大多用黄比喻金子，用白比喻银子，而金子和银子的总称就是"黄白"。用药物把铜、铅、锡等贱金属点化，使之变成金黄色或者银白色的金银，这种制取"黄白"的方法这就是"黄白术"，用这种方法获得的金银叫作"药金"或"药银"。"黄白术"是中国古代炼丹术的重要组成部分。

我国的"黄白术"起源于战国时期燕、齐方士的神仙方技。之后在两汉时期得到了充分的发展。有历史记载，西汉汉文帝时期，制造假冒黄金的人很多。汉武帝时的淮南王刘安撰写《中篇》八卷，书中说了神仙黄白之术二十余万言。同时，东汉皇室及新莽均拥有大量"黄金"，社会上颇多造"药黄"致富的故事。清赵翼《廿二史札记》有"汉代多黄金"之说。可知两汉乃黄白术盛行时代，尤以"药金"的制取为其特色。到了唐代，黄白之术发展到了顶峰，唐朝很多皇室之人都迷恋丹药，并沉迷于黄白之术。相传道士叶法善、刘道古都擅长黄白之术，田佐之等能变瓦砾为黄金。一直到宋代之后黄白之术才逐渐失传。

可是"黄白术"所制造出来的金银之物毕竟都是假的，这是造假，在现代来说是犯罪，在古代统治者们也有打击过用"黄白术"造假的例子：西汉汉景帝就曾在公元前151年下诏："定铸钱伪黄金弃市律。"所谓弃市可不是简单的刑罚，而是把人在闹事执行死刑并且曝尸街头。可见当时对于黄白之术造假的反感和打击。

吕洞宾本来就是一个修道之人，对于修道之人来说，济世救人就是他们的梦想。如果真有机会学习这种点铁成金之术，那他们一定会毫不犹豫地去学习，要知道如果有无数的金银拿去济世救人那能积累多少功德啊，肯定能够加速成仙的进度。但是吕洞宾却没有那样做，而是问了汉钟离一个问题："这用铁变成的金银珠宝还会不会恢复原形？"汉钟离说："五百年之后就恢复原形了。"吕洞宾说："这就坑害了五百年之后的人了，我不学这个法术。"

人生在世，至多不过是百年的光景，五百年后的事情，又有谁会去管呢？别说是五百年后的事情，就是百年以后的事情，又有谁去真正关心过？就像三国时期，如果那些人能够关心一下百年以后的事情，他们就不会动不动就混战，动不动就屠城了。正是因为三国时期的军阀混战导致了汉人的大幅度减少，才导致了后来的五胡乱华。如果那些军阀能考虑一下百年以后的事情，汉人又怎么会有被人称作"两脚羊"的时代呢？但是吕洞宾却连五百年以后的事情都想到了，为了不祸害五百年以后的人而情愿放弃一个学习法术和获得巨大利益的机会，由此可见他的目光之长远、道德品质之高尚。

其实，现代人也因为目光的短浅而受到了惩罚。比如，以前为了工业的发展而大肆破坏环境，结果导致现在人类的生存环境越来越差。于是，人们终于意识到把目光放长远的重要性，所以就有了可持续发展的理念，这是造福子孙后代的行为，功在千秋的大好事。所以说，吕洞宾能考虑到那么长远的事情就充分体现出他的仁义之心，这是他善心的外现。

汉钟离听吕洞宾说完，便告诉吕洞宾说："成仙，要积累三千善行才能达到圆满，你这一句话，就比做三千善行都圆满了。"为什么汉钟离认为吕洞宾只说了一句话，就让自己的善行达到圆满了呢？这是因为吕洞宾的这一举动是十分真诚的，他的这一个举动，不知道挽救了多少五百年后可能会被点铁成金之术祸害的人。很简单的一句话就是满善，凡是满善，就能代替无数的善事。比如，了凡先生做官之时，曾为百姓减少苛捐杂税，本来立下一万件善事的誓愿很难完成，结果就因为他为百姓减少了苛捐杂税，一万件善事就圆满了，这也是因为减少苛捐杂税是满善，才会有如此之大的功德。

"又为善而心不著善……"

——心中有善

【原典】

又为善而心不著善，则随所成就，皆得圆满。心著于善，虽终身勤励^①，止于半善而已。譬如以财济人，内不见己，外不见人，中不见所施之物，是谓三轮体空，是谓一心清净^②。则斗粟可以种无涯之福，一文可以消千劫^③之罪。倘此心未忘，虽黄金万镒^④，福不满也。此又一说也。

【注释】

①勤励：勤奋，激励，努力。

②清净：这里是佛家的说法，指消除烦恼。

③劫：佛家指天地间一成一坏的周期。

④镒（yì）：古代人用来计算黄金的重量单位。

【译文】

做善事但是心里面却不在意这是行善，那么随便做什么善事，都是满善。心里面很在意是不是在做善事，即使一生都勤奋的做着善事，那终究也只是半善而已。就像是用钱财来救济别人，心里没想着是做善事，外面也不知道救济的人，中间也不在意用什么救济，这就是所谓的"三轮体空"，所谓的"一心清净"。这样即使是很少的米也能种植出无限的福气，一文钱也可以解除千劫之久的罪孽。但是如果不能忘却自己所做的善事，那么哪怕施舍了几万两黄金，福气也不会有多少。这是半善和满善的又一种说法。

了凡四训
全鉴
典藏诵读版

☞**主题阅读链接**

在这段中，了凡先生主要讲的是行善时候的心态问题，做事情的时候是否抱着一个正确的心态，决定着所做的善行是不是圆满。

所谓的行善，不是说你在去做一件事情的时候，自己心中想着自己做的是善事，它就是善事。抱有这种心态去做事情的人，即使你做的确实是一件好事，那也不能算作是满善，因为在这种情况下，你的内心中是时刻考虑着自己的利益，做的事情也是以自己的利益为目的的。在做事情的时候心无杂念，什么都不去想，只是全心全意把事情做好，不求回报地付出，如果一个人在做事情的时候能够达到这种境界的话，他做什么事情都可以算作是善事了，而且所做的善事都会是很圆满的，本人也能达到满善的程度。因此，做善事的时候一定要保持一个正确的心态。

很多心存善念的人，在别人遇到困难之时，他们会慷慨解囊、全力相助，这种善行是自发的，是不需要任何报酬的，也正是因为这样，他们在人民心中留下了不朽的好名声。

北朝魏齐时候，有个大善人叫李士谦。他从小就死了父亲，年轻时曾在魏广平王府当过参军，自从母亲去世后，一直没再做官。李士谦的家在赵郡是有名的大世族，非常富有，但他自己生活却很节俭。而且令人敬重的是，他对别人很慷慨，常常施舍钱财救济穷苦百姓，以助人为乐。

有一年闹春荒，许多人家断了粮，揭不开锅。李士谦从粮仓里取出一万石粮食借给乡里的缺粮户度荒。也是这年夏天，又遇上天灾，秋收也不好，借债的人无力偿还，都来向李士谦请求延期偿还。李士谦说："我借粮给乡亲们是为了帮助大家度荒，不是为了求利。今年受灾歉收，借的粮食就不用还了。"他怕欠债人不放心，特意备办了酒席，邀请他们来家吃饭。在吃饭时，他搬来一个火炉放在院子中间，然后将所有的借据都拿出来，放在炉子旁边的方桌上。

李士谦走到桌前，拿起两叠借据对大伙说："这是乡亲们借粮的契约，现

222

在当众烧毁，各位乡亲所借的粮，都不用还了。"说罢，将借据投入火炉，但见烈火熊熊，顷刻化为灰烬。

第二年风调雨顺，五谷丰登。那些借过李士谦粮食的人，都争先恐后地来还债。李士谦的大院里挤满了人，他们齐声说："李参军去年救了我们的急，我们感激不尽，今年粮食丰收应该偿还才是。契约虽然烧了，我们心中都有数。若不还清借债，实在过意不去，请李参军收下吧！"李士谦拒绝收债。他对还债的农民说："去年的事不要提了。乡亲们有困难，我拿出点粮食救济大家算得了什么，今年虽然丰收，你们家底薄，仍不宽裕，还是拿回去吧！"还粮的人好说歹说，他就是不收。

过了几年，赵郡一带发生特大旱灾，赤地千里，颗粒不收。老百姓吃树皮草根，到处是逃荒的饥民，真是哀鸿遍野，饿殍满道。李士谦设了许多粥棚，每天两次供应饥民稀饭。由于李士谦的救济，得以生存下来的有上万人。

李士谦不仅救助那些活着的人，让他们免于饥饿的威胁，就是对于那些不幸饿死的人，他也是毫不吝啬地拿出自己的钱财，收埋死者的尸骨。到了春天，他又拿出粮种，分给贫困户，帮助他们恢复生产。李士谦这种把"善"字常挂在心头的行为，受到了人们的广泛赞扬，赵郡的农民都很感激他，许多人抚摸着子孙的头说："这孩子是因为李参军的恩惠才活下来的。"

又有一年，赵郡一带瘟疫流行，夺取了许多人的生命，更多的人则卧床不起。到处是死神的恐怖，到处是痛苦的呻吟和悲号。李士谦又尽自己的财力救死扶伤，一面掩埋死者的尸体，一面配制药品医治病人，并给他们送去食物。他为此用掉了万余石粮食，却在所不惜。

李士谦乐善好施三十年，到隋文帝开皇八年去世。赵郡的男男女女听到这一噩耗，如丧考妣，无不痛哭流涕。在李士谦出葬那天，从四面八方赶来参加葬礼的多到万余人。人们穿着白色孝衣，头戴白色孝冠，捶胸顿脚，哭声震天。

俗话说："做一件好事不难，难的是做一辈子好事。"一时心血来潮去做善事，只能够做一时，不能够长久。想通过行善获取名誉和回报，这是伪装善人，是假善。唯有像李叔同、李士谦这样的人，把"善"字常挂心头，长久行善，才是真正的善人，才会受到别人的尊敬和景仰。

"何谓大小……"
——学会区分善的大小

【原典】

何谓大小？昔卫仲达为馆职①，被摄至冥司②。主者命吏呈善恶二录，比至③，则恶录盈庭，其善录一轴，仅如箸而已。索秤称之，则盈庭者反轻，而如箸者反重。仲达曰："某年未四十，安得过恶如是多乎？"曰："一念不正即是，不待犯也。"因问轴中所书何事？曰："朝廷尝兴大工，修三山石桥，君上疏谏④之，此疏稿⑤也。"仲达曰："某虽言，朝廷不从，于事无补，而能有如是之力？"曰："朝廷虽不从，君之一念，已在万民。向使听从，善力更大矣。"故志在天下国家，则善虽少而大。苟在一身，虽多亦小。

【注释】

①馆职：明时称翰林院官员为馆职。

②冥司：阴曹地府。

③比至：等到。

④谏：劝阻，劝谏。

⑤疏稿：上疏的草稿。

【译文】

什么是善的大小？以前有一个叫卫仲达的人在翰林院做官员，有一次他被带到了阴曹地府。阎王爷让鬼吏拿来了他善行和恶行的记录。等到拿来之后，发现恶行的记录能够充满整个院子，但是善行的记录只有一个小卷轴，像筷子一样细。拿秤来称重量，发现像筷子一样的善事记录却比充满院子的恶行记录要重。卫仲达说："我今年才四十，怎么会被记录这么多恶行呢？"

阎王说："一个念头不正那就是恶行，不一定非要等做出来才是。"

卫仲达又问善行的卷轴中记录的是什么事，阎王说："朝廷曾经大兴土木，修建三山石桥，你上疏劝谏皇帝，这是你上疏内容的草稿。"

卫仲达说："我虽然上疏劝阻了，但是皇上并没有听从我的意见，我做的事情没什么用，能有这么大的善行？"

阎王说："朝廷虽然没有听从你的意见，但是你的这个念头是为万千的老百姓所着想的；如果朝廷听从了你的建议，那你的善行就更大了。"

因此只要志向在于为家国天下谋求福利，则善行做得少也是大善；如果只为自己着想，那善行再多也是小善。

☞**主题阅读链接**

行善分为大善和小善，了凡先生在这段就是用一个故事来说明大善和小善的区别。

关于卫仲达这个人，他的具体情况已经无从查起，只知道他是宋朝人，是翰林院的官员。有一次，他被带到阴曹地府。卫仲达被带到阴曹地府是接受审判的，这很可能说明他在阳间犯过很多的错误。阎王爷让鬼吏拿来了记录他在阳间恶行的册子，居然能装满一座院子，而记录他善行的册子却只有像筷子那样细的一个卷轴。

如果只看到这里，那么肯定所有人都会认为卫仲达是个大恶人，要不然怎么会有那么多的恶行记录呢？连卫仲达自己都惊呆了，但是他却觉得自己没做过那么多的恶事，他是被冤枉的。卫仲达说："我今年才四十岁，怎么会被记录这么多恶行呢？你们一定是弄错了，我是冤枉的。"但是审问他的阎王爷却十分肯定他不是被冤枉的，他说："恶行并不是在做出来以后才成为恶行，只要在心里面有一个念头不正那就是恶行，即使这个想法还没有付诸行动。"

在这里面就有一个恶行评判标准的问题。一般人认为，恶行只有真正做出来，那才应该算作是恶行，毕竟在没做出行动之前没有对任何人造成伤害。但是阎王爷显然不是这样认为的，他认为有作恶的想法就是错的，就是恶行了。这是有一定道理的。会产生作恶想法的人，就不是一个道德品质高尚的人，所以很有可能做出恶行。即使只有想法而没有行动，那也只是时间问题，毕竟产生了一次作恶的想法后，就一定会有第二次乃至无数次，最后肯定会积少成多，到时候就会付诸行动并产生恶行了。因此，一个简单的作恶想法就是恶行积累的开始，所以说有作恶的想法就已经算作是作恶了。儒家思想也反对在心中产生作恶的想法。儒家思想讲究的是"思无邪"和"慎独"。所谓的慎独，就是指人们在独自活动无人监督的情况下，凭着高度自觉，按照一定的道德规范行动，而不做任何有违道德信念、做人原则之事。既然是按照一定的道德规范来行动和思考，当然也不能有那种违背道德规范的作恶的想法了。

既然是犯了错误，那肯定是要惩罚的，更何况是这么多的错误。古人有功过相抵的说法，考虑到卫仲达也做过善事，为了能准确地找出惩罚他的标准，于是阎王爷决定把他恶行的记录和善行的记录拿到秤上称，去掉抵消的部分之后再惩罚。可是没想到，他那筷子一样细的善行记录重量却是大于恶行记录，这说明卫仲达的善行是高于恶行的，他应该算是一个好人。

一件简单的善事就压过了那么多的恶行，说明这件善事一定巨大，但是卫仲达并不记得自己做过什么事情，于是就要求看一下那个卷轴里面记录的究竟是什么善事。原来是当时朝廷要大兴土木，修建三山石桥，而卫仲达上奏皇帝，阻止这件事，他认为这种大兴土木的事情完全是劳民伤财的行为，不可取。卷轴里面记录的就是卫仲达当时上奏的奏折。但是卫仲达仍然奇怪，因为他当时的劝谏并没有成功，又怎么可能成为那么大的善行呢？这时候阎王又说话了，他对卫仲达说："朝廷虽然没有听从你的意见，但是你的这个念头是为万千的老百姓着想的；如果朝廷听从了你的建议，那你的善行就更大了。"

既然卫仲达劝谏皇帝不要大兴土木、劳民伤财并没有成功，即使是善行也应该是小善，又怎么能够使自己的善行大于恶行呢？其实这里面的原因并不复杂，还是从一个人的内心想法出发的。当时卫仲达是为了天下苍生着想，是为天下太平而上疏，他心中装的是天下的百姓，所以功德浩大，这并不是小善能够相

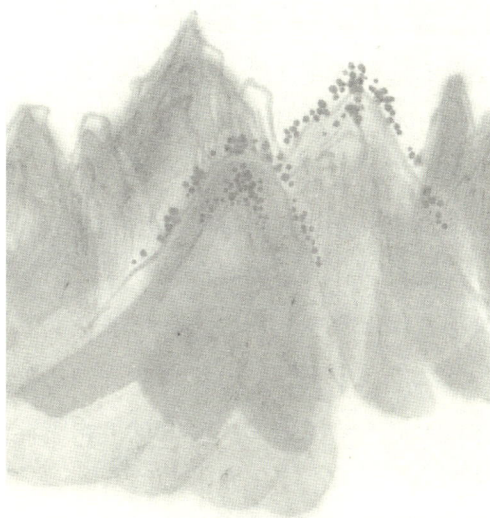

比的。如果他当时想的只是升官发财，或者存在一些其他什么用心的话，纵使也上奏劝谏，即使能获得成功，那效果也要差很多。

"故志在天下国家，则善虽少而大；苟在一身，虽多亦小。"其实大善和小善的差别就在这里，主要就是看是否发自内心，还有就是为百姓着想还是为自己考虑：但凡为天下苍生着想，不为自己着想，这个功德就无量无边，就是大善，大善就能得到上天的回报；假如是从自己利益出发，虽然是善事，这个福德也会很有限，也就是小善，小善就不一定会得到上天的回报。

佛教中有"不为自己求安乐，但愿众生得离苦"这样的句子，这就是为天下苍生所考虑，所以佛教能长久传扬下来，经久不衰。就像是范仲淹，他为什么能名传千古，为什么能受到历代圣贤的好评，又为什么能让他的家族经久不衰？是因为他曾经当过丞相吗？不是的，是因为他是一个"先天下之忧而忧，后天下之乐而乐"的人。

卫仲达的上疏并未劝谏成功，但居功至伟，获得大善，那是因为他努力过了，甚至是冒着杀头的危险去做的。所以，不用担心事情不成功，尽力去做就是了，凡是做善事，不要因为考虑自己而畏畏缩缩，要竭尽全力去做。

"何谓难易……"
——从困难处随缘行善

【原典】

何谓难易？先儒谓克己①须从难克处克将去。夫子论为仁，亦曰："先难。"必②如江西舒翁，舍二年仅得之束修，代偿官银③，而全人夫妇。与邯郸张翁，舍十年所积之钱，代完④赎银，而活人妻子。皆所谓难舍处能舍也。如镇江靳翁，虽年老无子，不忍以幼女为妾，而还之邻，此难忍处能忍也。

故天之降福亦厚。

凡有财有势者，其立德皆易，易而不为，是为自暴。贫贱作福皆难，难而能为，斯可贵耳。

随缘⑤济众，其类至繁，约言⑥其纲，大约有十：第一与人为善，第二爱敬存心，第三成人之美，第四劝人为善，第五救人危急，第六兴建大利⑦，第七舍财作福，第八护持正法，第九敬重尊长，第十爱惜物命。

【注释】

①克己：约束自己。

②必：一定。

③官银：这里指官府的税赋。

④完：这里指偿还。

⑤随缘：顺其自然。

⑥约言：简单地说。

⑦大利：对很多人有利。

【译文】

什么是善的难易？儒家圣贤说要想约束自己就一定要从难以约束的地方开始做起。孔子在论述"仁"的思想时，也说过要先从难做的地方做起。一定要像江西的舒老先生一样，用自己教学两年所得的报酬，替别人偿了官府的税赋，从而成全了别人夫妇。还有河北邯郸的张老先生，用自己十年所积累的钱财，替别人偿还了赎罪的银子，救活了别人的妻子，这些就是将难以割舍的东西施舍给别人。再比如江西的靳老先生，已经很大的年纪，还没有儿子，但是还是不忍心纳年幼的女子为妾，而是将她送回了家，这就是在难以约束自己的情况下控制住了自己。所以上天降给他们的福泽也一定很深厚。

凡是有钱有势的人，他们想要积德行善都很容易，容易却不去做，那就是自暴自弃了。贫穷低贱的人想要修得福气是很艰难的，虽然艰难但是去做了，那么就是十分可贵的了。

顺其自然地去救济别人，这种事情可以分为很多种类，简单来总结一下，一共分为十类：第一种是与人为善，第二种是爱敬存心，第三种是成人之美，第四种是劝人为善，第五种是救人危急，第六种是兴建大利，第七种是舍财作福，第八种是护持正法，第九种是敬重尊长，第十种是爱惜物命。

☞主题阅读链接

"先儒谓克己须从难克处克将去。夫子论为仁，亦曰先难。"仁是儒家学说的核心思想，而要想达到仁的境界，就必须做到克己复礼。从这里可以看出来，其实克己复礼就是要求人们要有一颗仁爱之心。所谓的克己复礼就是指努力约束自己，使自己的行为符合礼的要求。

一般情况下，一个人到底是善人还是恶人，大多都是比较出来的。譬如说布施钱财，这个事情是一件大好事。要是一个富翁能捐献出几千金，那自然是好事。但要是这个富翁有几百万两银子的财产，如果遇着荒年，眼见灾民满地，拿出一千两来捐赠是非常容易的事情。若是贫人看见别人的苦事，动了不忍之心，虽只施舍几文，但是对他而言却很困难。因为贫人的几文，是比富人的几千或者几万两更为难得。

一个有钱人想要做善事很容易，因为他们有钱有势更有能力，如果不去做，这就是自己放弃了自己。金钱、权力、名声、地位都只是一瞬间的事情而已，这样的富贵荣华过后，往往会凄凉无比，那为什么不趁着自己手上有财有势的时候多做一些善事，保佑自己和子孙后代的富贵呢？所以说只有多做善事，才能保持住自身的富贵。贫穷的人因为家境困难，所以为善不易，正因为难行而行，才会积攒大福德，大福报，所谓难能可贵，这个道理我们要明白。

所以，行善不需要斤斤计较，不需要去想自己做得多了还是少了，而是要学会随缘。所谓的随缘，是跟随缘分，但不放任。看到了，听到了，就去做，这叫随缘。只有在随缘的情况下去帮助众生，去做善事，才能积累无边的福德。

什么是缘？所谓的缘就是指世间的万事万物都有相遇和相随的可能性：有可能就是有缘，没有可能即无缘。缘是无处不在的，常言说："有缘千里来相会，无缘对面不相识。"缘也是有聚有散、有始有终的。缘是一种存在，是一个过程。

随缘其实是佛家的说法。"随缘"不是说随便行事、因循守旧，而是顺其自然，不怨恨，不躁进，不过度，不强求，不墨守成规、冥顽不化。就像在世间上做人，要通情达理、圆融做事，这样才能够达到事理相融。

"随缘"，常常被一些人理解为不需要有所作为，听天由命，由此也成为逃避困难或者是问题的理由。其实这种想法是十分错误的，随缘不是说让人放弃自己的追求，而是让人以豁达的心态去面对生活。随缘是一种智慧，可以让人在狂热的环境中依然拥有恬静的心态、冷静的头脑；随缘是一种修养，

是饱经人世的沧桑，是阅尽人情的经验，是透支人生的顿悟。随缘不是没有原则、没有立场，更不是随便马虎。"缘"需要很多条件才能成立，若能随顺因缘而不违背真理，这才叫"随缘"。

大千世界芸芸众生，可以说有事就有缘，如喜缘、福缘、人缘、财缘、机缘、善缘、恶缘等。万事随缘，随顺自然，这应该是所有人都需要的一种精神。

随缘，是一种平和的生存态度，也是一种生存的禅境。"宠辱不惊，闲看庭前花开花落；去留无意，漫随天外云卷云舒。"放得下宠辱，那便是安详自在。吃饭时吃饭，睡觉时睡觉。凡事不妄求于前，不追念于后，从容平淡，自然达观，随心、随情、随理，便识得万事随缘皆有禅味。在这繁忙的名利场中，若能常得片刻清闲，放松身心，静心体悟，日久功深，你便会识得自己放下诸缘后的本来面目：活泼的，清净无染的菩提觉性。人们获得缘不是靠奋斗和创造，而是用本能的智慧去领悟、去判断。

"何谓与人为善……"
——处处与人为善

【原典】

何谓与人为善？昔舜在雷泽①，见渔者皆取深潭厚泽，而老弱则渔于急流浅滩之中，恻然哀之，往而渔焉。见争者皆匿其过而不谈，见有让者，则揄扬②而取法之。期年，皆以深潭厚泽相让矣。夫以舜之明哲③，岂不能出一言教众人哉？乃不以言教而以身转之，此良工苦心④也。

【注释】

①雷泽：地名，在现在的山东菏泽东北。

②揄扬：赞扬。

③明哲：聪明，有智慧。

④良工苦心：良苦用心，指用心去研究某些事情。

【译文】

什么是与人为善？以前舜在雷泽看见打鱼的人都选择潭水深并且鱼多的地方，但是年老体弱的人只能在急流浅滩中打鱼，舜觉得他们很可怜，于是他自己也去打鱼。看见有人争抢他就当作没看见一样不做任何评论，看见有互相谦让的人，他就大加赞扬他们的做法。第二年，潭深鱼多的地方被大家互相礼让。当时舜是一个聪明有智慧的人，难道他不能说几句话来教导大家吗？这是因为他不用嘴说而是用以身作则的方法来转变人们的思想，真是良苦用心啊。

☞主题阅读链接

"与人为善"出自《孟子·公孙丑上》："取诸人以为善，是与人为善者也。故君子莫大乎与人为善。"意思就是说看到别人有一点善心就去帮助他，使那个人的善心得到增长；当别人做善事因为力量不够而导致不能成功时，也要去帮助他，使那个人能把善事做成功。帮助别人行善之后，那别人的善事也就算是自己的善事，就能积累无数的功德。

舜是上古先主，古代圣贤们对他十分推崇，受后人敬仰。在舜生活的时代，人们的生活主要依靠渔猎，打鱼是人们日常生活中的主要活动之一，所以经常可以看到人们聚集在河里或者是湖里面打鱼。所谓有人的地方就有江湖，有利益的地方就有纷争，而打鱼恰好关系到当时的人们的主要生活，是人们的主要利益所在，因此就出现了舜去雷泽打鱼时看到的情况：身强力壮的年轻人霸占着湖中心鱼虾多的地方打鱼，这明显就是出于自己的利益考虑；而老年人和孩童们由于争斗不过年轻人，所以只能在急流险滩的地方打鱼，地点不好，鱼也少，这样就会导致生活的艰辛。

《三字经》讲道："人之初，性本善。"由此可见，人生来都是善良的，

只是由于后天环境的影响，人才开始变坏的。

有个水鬼，到了该找替身的日子，但他看到遭遇悲苦、心灰意冷，到河边来寻短见的人，不但不设法迷惑人家，反倒心里不忍，爬上岸去帮助他，劝他不要做糊涂事。这样一次又一次失去了找替身的好机会，一拖就是一百年，他还是个受苦的水鬼。管理阴阳转换的天神气得把他叫来大骂："像你心肠这么软，怎么配做水鬼！"话刚说完，那水鬼就变成了神。

慈悲的心肠一定能为别人和自己带来幸运，善有善报是千古不变的道理。

还有一则《长者与蝎子》的故事，相信你看完后一定会感动。

一位长者看见一只即将被淹死的蝎子，当他用手去救蝎子的时候，蝎子却狠狠地咬了他一口。他疼痛难忍，不得不收回被蜇的手。看着还在水里挣扎的蝎子，他再次伸手相救，却又一次被蜇。有人对他说："您太固执了，难道您不知道每次去救它都被蜇吗？"他回答说："蜇人是蝎子的天性，但这改变不了我乐于助人的本性呀。"最后长者找到一片叶子将蝎子从水中捞了上来，救了蝎子一命。

我们先不说蝎子的命是否重要，但长者"乐于助人的人之本性"却值得我们深思反省。在商品经济社会，人们的活动无不与利益牵扯在一起。大至国与国之间的外交，小到身边的人际交往。由此许多不该发生的悲剧日复一日地重演，许多丑恶的违反人性的事件不断发生，善良在这里遭到践踏，看到或听到那些人世间的丑恶和悲剧，确实让人愤怒、沮丧和无奈。

当然，我们也应该看到人性善良的一面，许多善良的人们，为了世界和平、公民的平等，不断努力争取。在国内的贫困地区，有些老师为了适龄儿童不再失学，用他们羸弱的身躯，微薄的收入，支撑着一个村乃至几个村的教育；为了拯救病中的生命，许多不相识的人们捐献爱心……这一切无不体现着人们的善良，人类的前景也因人们的善良充满着希望。

我们常常听到有人抱怨自己的朋友，如今发了财，做了大事，原来是我怎样怎样帮助的，到现在却忘恩负义。可以说，一个人假若没有善良，他的聪明、勇敢、坚强、无所畏惧等品质越是卓越，将来对社会构成的危害就越可怕。没有良心的朋友，到头来不会有好的结果。社会上有一些人，到处献爱心，并能固执地坚持自己善良的心，到处播善良的种子，一时被人认为是傻瓜。最后发觉这才是真正的大智慧，是一个无法用金钱来换取的精神富豪，并且生活也很充实。

善良的情感及其修养是精神的核心，必须细心培养，要把善良的根植入每个人的心中。每个想成功的人，必须培养自己有一颗善良的心，以全身心的爱来迎接每一天。这样，也一定会得到社会的回报。

善良是人性光辉中最美丽、最暖人的一缕。没有善良、没有一个人给予另一个人的真正发自肺腑的温暖与关爱，就不可能有精神上的富有。我们居住的星球，犹如一条漂泊于惊涛骇浪中的航船，团结对于全人类的生存是至关重要的，为了人类未来的航船不至于在惊涛骇浪中颠覆，使我们成为"地球之舟"合格的船员，我们应该做一个勇敢、坚定的人，更要有一颗善良的心。

"吾辈处末世……"

——找到自己的生存方法

【原典】

吾辈处末世①，勿以己之长而盖②人，勿以己之善而形③人，勿以己之多能而困④人，收敛才智，若无若虚。见人过失，且涵容而掩覆之。一则令其可改，一则令其有所顾忌而不敢纵。见人有微长可取，小善可录，翻然舍己而从之，且为艳称而广述之。凡日用间，发一言，行一事，全不为自身起念，全是为物立则，此大人⑤天下为公之度也。

【注释】

①末世：这里指现世。

②盖：掩盖。

③形：比较。

④困：难为。

⑤大人：品德高尚的人。

【译文】

我们身处现在这个社会，不要用自己的长处去掩盖别人的长处，不要用自己的善行去和别人比较，不要因为自己的知识多就去为难别人。收敛自己的才智，不要锋芒毕露，看见别人的过错，也要包容并且帮其掩盖。一方面可以让其自己去改正，另一方面也可以让他记住教训，再也不敢犯这样的错误。看见别人有一点的长处都要去学习，有一点的善行都要记住，一定要舍弃自己的短处去学习，并且帮助他们传扬出去。在日常生活中，说一句话，做一件事，都不要为自己的利益考虑，而是要为社会树立榜样，这就是品德高尚的人"天下为公"的气度。

☞主题阅读链接

在这段中，了凡先生主要讲述的是一个人在这个社会中生存下去的一些方法。

第一，不要用自己的长处去掩盖别人的长处，不要用自己的善行去和别人比较，不要因为自己的知识多就去为难别人。

现实生活中有很多人，他们自身的大部分才能都比不过别人，但是也许会在某一方面表现出了特别优秀的才能。这些人平时也许会十分谦虚和低调，可是一旦遇到擅长的领域，他们就会显得特别兴奋，然后就是炫耀自己在这方面的才华，意图通过在这个别人不擅长的方面来打击或者是压制别人，使自己得到重视和认可。

既然人的一生需要许许多多的人的帮助才能过得顺利和精彩，那就不应该随便去得罪一个人或是把别人惹得不高兴，因为搞不好这些人中就有你生命中的贵人。然而，用自己的长处去掩盖别人的长处、用自己的善行去和别人比较、因为自己的知识多就去为难别人等却恰好是最得罪人的行为。如果一个人非要拿自己擅长的领域去和一个不擅长该领域的人比较，并且因为胜利而大肆嘲笑对方，使人自尊丧失，颜面全无，会让人理解为是一种炫耀，就会招来别人的反感，会和别人结下怨恨。

第二，就是要收敛自己的才智，不能锋芒毕露。其实这点和第一点是差不太多的，总的来说就是一句话，那就是做人要低调。有道是财不外露，不光钱是如此，有时候人自身的才华也要适可而止地发挥。人外有人，天外有天，谁也不能保证自己所处的位置就是这个世界的最高点。所谓高处不胜寒，一味把自己打造成一个鹤立鸡群的人，那肯定会遭到别人的羡慕、嫉妒或者是排挤，没有人会真正为一个站到顶点的人鼓掌助威。上位者注定是孤独的，就像古代的皇帝一样，没有朋友，也没有几个能够真心信任的人。所以，人活在这个世界上要学会低调，学会收敛，只有这样才能有更多的朋友，有更

多志同道合的人能够产生共鸣，最终使人生走得更加顺利。

第三，就是看见别人的过错，也要包容并且帮其改正。每个人都有自己长处的同时，每个人又都拥有自己的短处。《弟子规》里面说："人有短，切莫揭；人有私，切莫说。"这句话是很有道理的。一方面如果去揭发别人的短处会让人感觉很没面子，要知道中国人是最重视面子的，这样就很有可能招来别人的怨恨，得不偿失；另一发面轻易得到的东西没有人会去珍惜，别人指出来的错误或者是短处很有可能不被重视，或许根本就不能记住，没有深刻的印象自然也就没办法改正，这样对别人一点帮助都没有，甚至就是害人，因此一定不能随便去揭露别人的短处。另外，你不去揭短，难道有过失的人就不知道自己的过失吗？他一定知道！我们不去揭发他，是为了给他改过的机会，给他反思的机会，让他有所顾忌，有所收敛。

　　第四，每个人都有自己的长处，而有些人的长处正是很多人都应该去学习的。在《论语·里仁》里有这样一句话，子曰："见贤思齐焉，见不贤而内自省也。"意思就是说看到贤德的人就应该向他学习，努力使自己达到那样的程度。看到不贤的人也要在内心中仔细反省自己有没有跟他相似的毛病。这句话正好应了了凡先生的观点。如果一个人能因为别人的善行而感动，并且能够去宣传别人做的善事，进而受到影响自己也去做善事，那么就说明这个人一定有一颗善心。所以说，如果一个人能做到见贤思齐，就说明这个人的品质是好的，心地也是善良的，最后也一定能够得到福报。

　　第五点就是在日常生活中要有天下为公的思想。所谓的天下为公，是指以天下为己任，做事情不以自己的利益为出发点。能做到这样的人那肯定就是圣人了，而这种思想又恰好符合儒家学说中的"内圣外王"思想。所谓的内圣外王，就是指内部包含有圣人的道德，视死如归，与天地并存，顺其自然不强求，同时对外又以王者的名义，施王道之政。这是儒家圣贤所遵守的准则，而儒家圣贤都是人们敬佩和学习的榜样。因此，人们无论在什么时候都应该做到说一句话、做一件事、都不为自己的利益考虑，如果一个人能达到"天下为公"的气度，也一定会得到老天的眷顾。

"何谓爱敬存心……"
——诚敬是一个人超凡脱俗的秘诀

【原典】

　　何谓爱敬存心①？君子与小人，就形迹②观，常易相混。惟一点存心处，则善恶悬绝③，判然如黑白之相反。故曰："君子所以异于人者，以其存心也。"君子所存之心，只是爱人敬人之心。盖人有亲疏贵贱，有智愚贤不肖④，万品不齐，皆吾同胞，皆吾一体，孰非当敬当爱者？爱敬众人，即是爱敬圣贤。能通众人之志，即是通圣贤之志。何者？圣贤之志，本欲斯世斯人，各得其所。吾合爱合敬，而安一世之人，即是为圣贤而安之也。

【注释】

①存心：心中存在的某种心思。这里指人的先天道德本性。

②形迹：表面情况。

③悬绝：悬殊，差别大。

④不肖：无德，不贤。

【译文】

什么是爱敬存心？君子和小人，但看表面的情况，经常是混为一体，分不开的。唯一的区别就在于心中存在的先天的道德本性，善行和恶行之间相差非常大，就像黑色和白色是截然相反的那样。因此，君子之所以和一般人不同，就是因为心中的道德本性不同。君子的心中，都是对别人的尊敬和友爱。人有亲疏贵贱之分，也有愚蠢与智慧之分，贤与不贤之分。所有人都不一样，但都是我们的同胞，难道有谁不值得我们敬爱吗？爱敬所有人，就是爱敬圣贤之人，能明白普通人的志向，也就能明白圣贤的心意。为什么呢？圣贤的心意，本来就是希望世界上的人都能够开开心心地生活。我们爱敬众人，就可以使众人安泰，这也是代替圣贤使他们安泰。

☞主题阅读链接

这段主要讲述的是爱敬存心。这里的存心是指把什么东西存在心里或者是心里面有什么样的东西，而爱敬存心就是要心存仁爱、慈悲、恭敬和礼节。

为什么要在心里面存有这些东西呢？因为存心是决定一个人是君子还是小人的重要标准。所谓的君子，就是指拥有一种比较普遍的、比较易知的、比较完美的人格的人。同时，君子备受儒家思想特别是孔子的推崇，因此一个君子在中国古代的地位通常都是很高的。说白了，君子其实就是孔子理想化的人格。儒家思想的核心是仁，所以君子的首要条件就是心存仁爱和仁义。

而君子的反面，那就是小人。小人专指那些喜欢搬弄是非、挑拨离间、隔岸观火、落井下石的人。

在君子的心里面这个世界上人人都是平等的，当然圣贤也是这样认为的，并且圣贤也不会认为自己是高人一等的。既然是人人平等，那么在圣贤眼里这个世界上所有的人都和他是一样的，那岂不就是人人都是圣贤了？如果是这样的话，那么爱敬众人就是爱敬圣贤了。圣贤的心中是爱敬众人的，那么我们要向圣贤学习，也要在心中爱敬众人，而众人和圣贤又是一样的，所以爱敬众人就是爱敬圣贤，这也是圣贤们的做法。

圣贤们在社会中提倡人人平等，提倡爱敬众人，无非就是为了让人们能在这个世界上快乐幸福地生活，不再有那些无谓的争斗。只要能够爱敬众人，那么圣贤能办到的事情，普通人也就能办到了，到时候这个社会就不再依靠个别人的改变，而是真正的和谐发展了。

有人说：最大的诚实是心诚与恭敬。这一点在周公身上体现得最为淋漓尽致。

周武王建立周王朝后，将天下按照功劳大小分封给了为他出生入死的功臣和亲属。周武王想通过这种方式，让为他出生入死的功臣和亲属感到欣慰，心存感激，进而巩固自己的地位。

周武王由于操劳过度，没过两年就得了重病。当时周武王的儿子只有十三岁，年龄太小，一个小孩子怎么能担任如此重任呢？让谁辅佐幼主呢？周武王想找一位可靠的人。于是他想到了周公旦。临死前，周武王把周公旦叫到身边，请求他辅佐年幼无知的周成王。

周武王拉着周公旦的手，亲切地说："我大周朝能否兴旺发达，我大周王朝臣民能否安康富足，千金重担就都交给你了。"周公旦为人忠厚，望着周武王深深地点了点头。

周武王不久便死了。周公便将国家这副担子挑了起来。他认真辅佐幼主，让他读书，给他讲治国之道，让他知道历代前贤的优良品质，给他讲夏桀、商纣如何残暴，最后如何灭亡。为了治理好国家，他想尽一切办法网罗人才，帮助他办事。为了接待贤能的人，他忙得不可开交。

有一次，周公正在洗头发，刚把头发浸湿，外面来人有急事要禀告。

周公连忙握着湿淋淋的头发出去接待，办完事再回来接着洗；洗到半截儿，又有人来报告，他还是握住湿头发出去。一连出去几次，才把头发洗干净。

还有一次，周公正在吃饭，刚把一块肉放进嘴里，外边有客人来访。

他马上把肉吐出来起身去接客人。一顿饭的工夫，来了三次客人，周公就连吐了三次饭菜。家人在一旁见了忍不住说："您不能吃完饭再去会客吗？"

周公摇摇头说："这些贵客来访，都有好主意要说，我恨不能马上听听，怎么能怠慢了人家呢？"

周公就是这样"一沐三握发，一饭三吐哺"地敬贤爱才，为了周朝的大业，废寝忘食，呕心沥血，所以他得到了大家的敬重。

周公代理天子执政七年，未做官的读书人带着礼物表示敬意，以师礼来拜见他的人有十人，以朋友之礼来拜见他的人有十二人，住破漏茅屋的贫穷士子受到他优先接待的有四十九人，被录用的优秀者有上百人，受到他教化的有上千人，在驿馆中接待来朝见的有上万人。在这个时候，如果周公傲慢且鄙吝，那么天下的贤士来见他的机会就少了。纵然有人来，也一定是贪求禄位而不能办事的人。贪求禄位而不能办事的臣子，是不能保全君王的。

转眼间七年过去了，周成王长大成人。周公帮助成王执政已 7 年有余，周朝的统治在周公的治理下得到了进一步的巩固。周公无论在臣子中还是百姓中威信都相当高。当周成王自己能够执掌朝政之时，周公就把权力归还给了他。

周成王被周公感动，他跪下来请求周公继续代理朝政。可是周公主意已定，他放心地离开了镐京，去新建的都城洛邑了。

周公为了周朝的事业，用尽了毕生精力。他做出的所有努力，并不像后世的一些权臣那样，是为了巩固自己的势力，为了篡权而做准备。周公诚心诚意所做的一切完全是为了周朝的江山社稷，他这一点就是对周武王最大的忠诚。

待人真诚，对人恭敬，这是每个人都应该具备的良好品质，尤其是在与人相处的时候。只有这样才会帮你赢得一个良好的人缘，办事情也才会左右逢源。

"何谓成人之美……"
——君子能成人之美

【原典】

何谓成人之美？玉之在石，抵掷①则瓦砾，追琢②则圭璋③。故凡见人行一善事，或其人志可取，而资可进，皆须诱掖④而成就之。或为之奖借⑤，或为之维持，或为白其诬而分其谤，务使之成立而后已。

【注释】

①抵掷：丢弃。

②追琢：雕琢。

③圭璋：这里指美玉。

④诱掖：引导扶植。

⑤奖借：奖励。

【译文】

什么是成人之美？玉隐藏在石头中，丢弃它，那它就是瓦砾，雕琢之后则变成了圭璋一样的美玉。因此如果见到有人在做善事，或者有一个人的志向有可取的地方，都应该鼓励扶植他们获得成就。或者是称赞奖励，或者是帮助扶植，或者是帮助他们辩白污蔑，为他们分担别人的毁谤，总之一定要帮助他们有所成就之后才停止。

☞ **主题阅读链接**

在这里了凡先生举了一个玉石的例子。我们所认为的价值连城的玉，为什么要叫玉石呢？其实玉就是一块石头，所以才叫玉石。石头大家都知道，遍地都是，随手就能捡起一块来，根本就不是什么值钱的东西，也没有人会去在意一块石头，或是花大价钱买一块普通的石头。

那为什么同样是石头，玉石就价值连城呢？为什么玉石就有人愿花费大价钱去收藏呢？因为玉石并不是那些普通的石头能媲美的。首先，玉石是非常美的。《说文解字》中就曾经写道："石之美者，玉也。"《辞海》中则将玉的定义简化为"温润而有光泽的石头"。从中我们就可以看出玉石是非常美的。对于美丽的石头，人们总是非常喜爱的，即使是普通的石头，只要它在外表上有一定的特色，总会让人花费心思去得到并且收藏，更不要说石头中最美丽的玉石了。

当然，如果有人觉得玉石之所以比普通石头受欢迎只是因为它们天生就比较美，那就错了。虽然玉石天然形成的时候的确要比普通的石头美上一些，但是也不至于受到人们那样的追捧。那些美丽的玉石之所以受人欢迎，是因为它们经历过一个人为雕琢的过程，去其糟粕，取其精华，最终才形成了我们所追求的那些美丽的玉石。真正的玉石是远古人们在选择石料制造工具的过程中，经筛选确认的具有社会性及珍宝性的一种特殊矿石。玉隐藏在石头中，丢弃它，那它就是瓦砾，雕琢之后则变成了圭璋一样的美玉。玉石从普通的石头变成美玉，其实就是一个雕琢的过程。其中古人对于玉的功用看得更加重要，因为古代迷信认为，玉在经过雕琢之后能产生防妖辟邪的作用。

普通的玉石经过精心雕琢就变成了美玉，由此可以看出雕琢的重要性。其实，不光是玉石可以雕琢，这个世界上的所有东西在经过雕琢之后都会变得更加美好，就像经过雕琢的菜品会让人更加有食欲，经过雕琢的建筑也能让人感觉到更多的美感。人也是一样的，人也需要不停地雕琢，不停地去掉糟粕，留下精华，这样，一个人才能越来越成功。对于人来说，这个雕琢的过程就是一个成人之美的过程。

《论语》中有这样一句话，子曰："君子成人之美，不成人之恶。小人反是。"可见，作为一个君子，是一定要学会成人之美的。成人之美和雕琢一样，都需要有一定的基础。想要雕琢出一块美玉，首先必须保证你要雕琢的是一块玉石，否则又怎么能雕琢出一块美玉呢？其次就是一定要尽心尽力，否则又怎么能保证你是在往好的方向雕琢呢？成人之美也是一样的，想要成人之美，一定要保证人的身上有一定的还没有完全开发出来的优点，就是要有"美"，如果一个人身上连"美"都没有，那么其他人又怎么能谈得上对他做成人之美的事情呢？

就拿行善这件事情来说，一个人在内心里十分想去做善事，并且也想付诸行动，可是由于自身实力或者是能力上的不足，导致他不足以去做某件善事，在这种情况下，有其他人帮助他完成了这件善事，使他获得了无数的功德，这种行为就叫作成人之美。

在这个世界上每个人都有各自的想法，并且很多人内心的想法都是以自身利益为核心和出发点的，他们认为成人之美完全是在帮助别人铺路搭桥，对自身没有任何好处。其实这样的理解是十分错误的。成人之美本身就属于做善事的一种，而且前面说过，帮助别人做善事，那别人做的善事也就成了你自己的善事，是会积累功德的。成人之美既能让自己和他人感到开心和快乐，又能够积累到一定的功德，何乐而不为呢？

"大抵人各恶其非类……"
——环境改变人生

【原典】

大抵人各恶其非类，乡人之善者少，不善者多，善人在俗，亦难自立。且豪杰铮铮，不甚修形迹，多易指摘，故善事常易败，而善人常得谤。惟仁人长者，匡直①而辅翼②之，其功德最宏。

【注释】

①匡直：纠正。

②辅翼：辅佐。

【译文】

大致上来说一般人都讨厌和自己不一样的人，在同一个乡里，善人少而不善的人多。善良的人在世俗的环境里很难获得成就。而且英雄豪杰多刚正不阿，不修边幅，很容易遭到批评、指责，所以做善事经常会失败，做善事的人常遭人毁谤。只有仁人长者多多地帮助和辅佐，他们才能取得最大的功德。

☞主题阅读链接

由于个人的主观能动性不一样，每个人所接触的外部环境等客观存在又不尽相同，所以就造就了不同的人有不同的性格和喜好等。当一个特别出众或者是特别引人注意的人出现之后，很有可能会造成他周围的人结成联盟共同来排挤他。就像了凡先生所说的那样，如果一个乡里面不善的人多的话，那么善良的人就一定会受到不善的人的排挤，甚至有可能被赶出这个乡里，因为那些不善的人是见不得善良的人去行善的，甚至看不惯、容不下他们的想法和行为。

当一个人在意气风发的时候遇到这种被排挤的情况时，可能会产生三种心理。第一种就是那种意志十分坚定的人，他们坚持自己的理想，留在这个地方继续抗争，甚至在心里希望能够感染到其他人。第二种也就是大部分人都会选择的一种方法，那就是被排挤时从自身找原因，然后想办法融入到排挤自己的那群人中去，甚至有时候会为了这种事情放弃自己的理想。这种做法不能说是错误的，但是放弃了自己一直坚持的信念毕竟不是什么好事情，有时候甚至对整个社会产生一定的影响。一个善良的人被一群不善的人同化了，这就是外部环境对一个人的影响，外部环境改变了一个人。

无论是对个人还是对集体，外部环境的影响都无法避开。举个例子来说，孟子大家都知道，儒家的圣贤人物，孔子之后儒家的第二位大圣人，十分受人尊敬和爱戴。那么孟子生来就是天赋异禀、非常热爱学习知识、注定能成为一代圣人的吗？当然不是。在孟子的成长过程中，外部环境的影响对他的人生起到了十分重要的作用。

孟子在很小的时候就失去了父亲，全靠他的母亲织布卖钱一手把他养大。孟子的母亲是一个很有见识的女人，她希望孟子能够读书上进，学习知识，将来做一个有用的人。

孟子在小的时候十分淘气，他经常和周围邻居的孩子打架，后来被孟母知道了。孟母觉得这样经常打架是因为自己家周围的环境不好所造成的，她认为这样会影响孟子以后的发展，所以便决定搬家。

他们搬到了一个铁匠铺的附近。有一次，孟母看到他们的邻居家支起了一个大大的炉子，几个铁匠正汗流浃背地在铁毡上打造着什么东西，而孟子呢，居然用砖块作铁毡，木棒作锤子，在模仿着那些铁匠师傅的动作。看到这里，孟母的心里面又开始不放心了。她认为如果一直这样下去的话，那孟子以后就会成为一个铁匠了，根本不是她希望孟子发展的方向，于是孟母决定再次搬家。

为了尽量能让外部环境对孟子的影响减少一些，这次孟母把家搬到了野外。但是野外也并没有让孟母感到安心，因为有一天，孟子看到一个送葬的队伍，哭哭啼啼地抬着棺材来到坟地，并且把棺材埋进了几个精壮小伙子事先挖好的坑中。他觉得挺好玩，就模仿着他们的动作，也用树枝挖开地面，认认真真地把一根小树枝当作死人埋了下去。直到孟母找来，才把他拉回了家。这让孟母更加不安，长久这样下去那还不如去当个铁匠呢，于是她决定第三次搬家。

孟母想到前几次都是因为外部环境对孟子的影响很大自己才带着孟子搬家的，既然自己想让孟子读书，孟子又很容易受到外部环境的影响，那干脆就搬到学堂附近去住好了。于是，他们这次搬到了一个学堂的附近。孟母的苦心终于得到了回报，孟子每天看着学堂里面的花白胡子先生带着学生们摇头晃脑地读书，觉得像唱歌一样，很有趣，于是就也学着他们的样子念起书来，孟母看到这种情况感到十分欣慰，于是就把孟子送进学堂里面去读书了。

后来，孟子经过认真的学习和自身的努力，终于成为了一代大圣人和儒家思想的代表人物。孟子的经历，就是外部环境对个人影响的典型例子。如果孟子的母亲没有搬家找合适的环境，长大后的孟子也许就不会有所成就。

外部环境对群体的影响就更多了，比如说历史上的农民起义。历史上的哪一次农民起义，不是因为农民们无法生活下去了？那农民为什么生存不下去呢？这就是外部环境所造成的。统治阶级的压迫、天灾人祸不断发生，大多数都是导致农民起义发生的主要原因，而这两种原因都是十分典型的外部环境。所以说，外部环境对群体的影响也是非常大的。

既然外部环境对人的影响这么大，甚至有时候会把人朝着坏的方向引导，那有没有什么办法改变这种情况呢？目前来说并没有一个能够一劳永逸彻底解决的办法。现在能做的只是尽量避免事情往坏的方向发展。

有很多人，他们心地善良，但每当他们想要做好事的时候，就会有亲戚朋友跳出来阻止他们，并拿出一些好人没好报的例子来劝说。做善事容易失败有很多是这方面的原因。

魏晋南北朝时期的李康曾经作过《运命论》一书，他在书中强调："木秀于林，风必摧之；堆出于岸，流必湍之；行高于人，众必非之。"这句话的意思是说一个特立独行或者是与众不同的人，一定会被别人另眼相看，群起而攻之。"风流灵巧招人怨，寿夭多因毁谤生，多情公子空牵念"，虽然说不招人妒是庸才，但要是被群起而攻之那就不是一个好结果了。社会中善良的人其实就相当于秀于林的那种少数，会遭人嫉妒，会被人当成异类，甚至会遭受到别人的非议或者是攻击。

那么对整个社会来说，有什么办法来改变这样的事情吗？了凡先生认为，只有靠仁人长者们去宣传和端正那些不善良的行为，同时辅佐善良的人去做善事，自己也大力去宣传做善事，匡扶正义，这样虽然不能彻底改变这样的情况，但起码会使情况慢慢发生转变，最终总会使情况发生彻底改变。同时，仁人长者们做这些事情并不是白做，他们自身也能够获得很宏大的功德，这就是两全其美的办法。

"何谓劝人为善……"

—— 劝人为善

【原典】

何谓劝人为善？生为人类，孰无良心①？世路役役②，最易没溺。凡与人相处，当方便提撕③，开其迷惑。譬犹长夜大梦，而令之一觉。譬犹久陷烦恼，而拔之清凉。为惠最溥④。

【注释】

①良心：善良的心。

②役役：庸碌无为。

③没溺：沉沦，堕落。

④提撕：提醒对方。

⑤溥（pǔ）：广大。

【译文】

什么是劝人为善？身为人类一员，谁都是有良心的。在世上庸碌无为的活着，最容易沉沦、堕落。只要是和别人相处，就应该在方便的时候提醒对方，解开他的迷惑。就像在长夜的大梦中令他苏醒过来，也像把他从烦恼中解救出来，使他心无烦恼，这是最广大的恩惠。

☞**主题阅读链接**

在这段中，了凡先生主要讲述的了什么是劝人为善。劝人为善就是在和别人相处的时候，见别人碰到问题就应该在方便的时候提醒对方，解开他的迷惑。就像在长夜的大梦中令他苏醒过来，也像把他从烦恼中解救出来，使他心无烦恼。

孔子的弟子子路在集市闲逛，见一买主与卖主争吵，就走了过去。只听卖主说："我一尺鲁缟价三钱，你买八尺，共二十四钱，少一个子也不行。"买主争辩道："明明是三八二十三，你多要一钱是何道理？"子路觉得有趣，笑着对买主说："三八二十四才对，你错了。"可买主固执己见，并问子路敢不敢打赌。子路性烈，当即以新买的头盔做赌注。买主也不含糊，赌注居然是项上人头。二人击掌为誓，然后去找孔子裁决。

孔子问明情况后，笑着说："子路，你错了，快把头盔输给人家吧。"买主得意的拿着头盔走了。子路大惑不解地问："老师，分明是三八二十四，您为何判他对呢？"孔子说："你输了，头盔还可以再买，若是那人输了呢？"子路猛然醒悟。

用一个头盔换一条性命，这是智者的善良。很多时候，我们需要权衡轻重，如果与原则无关，不妨退后一步，给人一个台阶。表面上看，你吃了亏，但你的善心可能会无意中挽救了一个人，也使自己的心灵得到净化。

有一位仁慈的富翁，在建房时特意将屋檐修得很长，好让那些无家可归的人暂时在檐下遮阳避雨。房子建成后，果然有许多人聚集到大屋檐下面，他们打牌、喝酒，甚至摆起摊子做买卖，支起炉子生火煮饭。嘈杂的人声和刺鼻的油烟味使富翁的家人不堪其扰，经常与屋檐下的人发生争吵。有一年冬天，一个老人在大屋檐下面冻死了，大家纷纷指责富翁为富不仁。

一场罕见的飓风袭来，别人家的房子安然无恙，富翁家的房顶却被掀掉了，因为它的屋檐太长。于是，人们幸灾乐祸地说，恶有恶报。

富翁很伤心，但他心底的善念没有改变。重修房顶时，他把屋檐修得和别人家一样长，而用省下来的钱在别处盖了一间小房子，以容留那些无家可归的人。尽管小房子所能荫庇的范围远远不如以前的大屋檐，但它四面有墙，是栋正式的房子。所有在那里逗留过的人，无不感念富翁的恩德。渐渐地，富翁成了一个德高望重的人。

屋檐毕竟只是屋檐，与房子相比，它是不完整的，就像檐下人的尊严不完整一样。直接而强烈的对比，让屋檐下的人产生一种仰人鼻息的自卑感，由自卑而生敌意，善心被湮没了。助人是高尚的善行，但不要让被帮助的人感到在接受施舍。

一位老师给大一新生上了这样一堂课：

他拿出一只装满了沙子的大纸盒，一边展示给大家看，一边说："这些沙子里掺杂着铁屑，请问你们能不能用眼睛和手指把铁屑挑出来？"

大伙儿摇着头。

老师看着疑惑的孩子们，笑笑说："我们无法用眼睛和手指从一堆沙子中间找到铁屑，就像我们很难从茫茫人海中找到我们的顾客一样。然而，有一种工具能帮助我们迅速地从沙子中间找到铁屑。大家可能都想到了，这种工具就是磁铁。"

说罢，他从包里掏出一块磁铁，把它放在沙子里面不停搅动，在磁铁的周围很快聚集了箭镞似的铁屑。老师把那一团铁屑举给同学们看，他说："这就是磁铁的魔力，我们用手和眼睛无法办到的事，它却能够轻而易举做得很好。"

老师说："如果说这一盒沙子就像我们面对的生活、挫折和枯燥的书本，那么，这块磁铁就是一颗充满爱的心。如果你有一颗善良的心，那么，它会在你的书本里、在你的生活中寻找，从中找到许多有益身心的知识，就像磁铁能吸出铁屑一样。但是，一颗不懂善良的心却像你的手指，它在沙子里面找呀找，可怎么也找不到一点点铁屑。同学们，只要你有善良的心灵，你就总是能够发现，每一天都有收获，每一天都有积累，每一天都有值得高兴的事情。"

心在哪里，你的命运就在哪里——不论你们今后遇到怎样的困难、怎样的逆境、怎样的迷惘，都要相信这句至理名言。不论何时何地，只要有善良的心灵，就能像磁铁一样，吸引到有用的资源、美好的事物以及幸福的生活。

"韩愈云……"
——劝人为善要注重方法

【原典】

韩愈云："一时劝人以口，百世劝人以书。"较之与人为善，虽有形迹，然对症发药，时有奇效，不可废也。失言失人①，当反吾智。

【注释】

①失言失人：不该对某人说却说了，就是失言；该对某人说却没说，这就是失人。

【译文】

韩愈说："只是一时劝人就用嘴说，要是百世劝人的话就要著书立说。"劝人为善和与人为善相比较，虽然显得有些露痕迹，但是对症下药经常会有神奇的效果，因此不可以废除。如果产生了失言失人的问题，那就要反思自己的智慧了。

☞**主题阅读链接**

劝人为善可以说是一件大善事，大功德，因此人们不应该只是在心血来潮的时候或者是因为失去本性的人是自己亲近的人才做劝人为善的事情，而是应该把劝人为善作为一项事业长期地坚持做下去，不论面对的是什么样的群体，不论认识或者是不认识，只要有人被环境蒙蔽了赤子之心，人们就应该去劝他为善。

当然，要是把劝人为善当作事业来做的话，就不能靠自己一个人一个人的去苦口婆心地劝说了，而是要想一些别的办法了，就比如说著书立说。

唐朝时期的大文学家、唐宋八大家之一的韩愈就曾经说过："一时劝人以

口，百世劝人以书。"口就是用嘴说，书就是把自己想说的写在书上。其实这句话很简单，只是偶尔劝人为善的话，那用嘴去劝说就可以了，但是要想长期劝人为善，那就要靠著书立说来发表自己的想法，这种办法是最好的。

这句话理解起来也是很容易的。《论语》大家都知道，是孔子的言论。如果没有把孔子说过的话记录下来，谁知道孔子曾经说过什么啊。再比如说学生们上课为什么要有书，既然有老师的讲解，那学生记住不就完事了，要书干什么？还不是因为老师用嘴说出来的东西学生们不能全部记住，或者说是不能长久的记忆，因此才需要用到书来强化学生的记忆。再比如说，有几个人能记住自己小时候说过什么干过什么，但是如果当时用日记记录下来的话，那长大后再重新翻阅一下就肯定能够想起来。总之，用嘴说出来的东西很难让人记住或者说只能记住一时，而用书记录下来的东西却能流传千古，让人铭记。劝人为善就是这样，如果一个人想连自己后世的人都一起劝说的话，那就一定是要著书立说。

就像了凡先生所作的《了凡四训》一样，他的本意就是给他的儿子一个做人和处事的准则。了凡先生完全可以直接把自己想说的告诉自己的儿子就完事了，为什么要写这样一本书呢？因为这样不仅可以使他的儿子能对他所说的话有更深刻的理解，同时还能让他一辈子总结出来的做人处事的思想能够长久地流传下去，能够帮助一代又一代人。他的目的达到了，后世很多人把他这本《了凡四训》当作是做人和处事的准则。

或许有人正在经历思想的变迁，正在由善良向邪恶的道路上行进，可是当他读过这本《了凡四训》之后，一定会因为其中的"积善之家，必有余庆"的道理而重新回到之前的善良的路途中来的。

当然了，劝人为善也不是说只要是别人犯了错误就可以去劝的，一定要注意方法。就好比你去劝说一个人要学好，在某些场合劝说能使你事半功倍，甚至是起到意想不到的效果；但是在某些场合却可能引起别人深深的反感，甚至是起到相反的效果，特别是有些人，你越不让他做的事情他就非得去做。所以要想劝人为善，一定要先了解自己所在的场合适不适合进行这样的事情。譬如说你想劝说一个爱赌博的人不要再赌博了，如果在他赌得正兴起的时候你去劝说，是不能得到任何效果的，甚至有可能遭受到人身攻击；如果当他没在赌博并且和喜欢的人在一起的时候你去劝说，那么他一定会虚心接受，甚至有可能直接就改掉这个坏毛病。

"何谓救人危急……"

——危难之处见人心

【原典】

何谓救人危急？患难颠沛①，人所时有，偶一遇之，当如痌（tóng）瘝（guān）之在身，速为解救。或以一言伸其屈抑②，或以多方济其颠连③。崔子曰："惠不在大，赴人之急可也。"盖仁人之言哉。

【注释】

①颠沛：艰难的处境。

②屈抑：委屈、压抑。

③颠连：穷困。

【译文】

什么是救人危急？艰难困苦的处境，每个人都会遇到。偶尔遇到了艰难困苦的人，就应该像疾病生在自己身上一样，快速去解救。或者说一句话为他辩解委屈压抑，或者想尽办法帮他度过穷困的日子。崔子说："恩惠不一定要大，只要在别人处在危难的时候伸出援助之手就可以了。"这真是仁德的人才能说出来的话啊。

☞主题阅读链接

这段主要讲述的了什么是救人危急。救人危急就是当一个人偶尔遇到了艰难困苦，就应该像疾病生在自己身上一样，快速去解救。或者说一句话为他辩解委屈压抑，或者想尽办法帮他度过穷困的日子。

面对陷入困境的人，什么人会伸出援手？只有那些具有珍惜善缘，有一副菩萨心肠的人才会那样做。晚清的胡雪岩，虽然是一位商人，但是他在获得巨额财富之后，没有为富不仁，而是热衷于慈善事业，这与其他的商人相比，确实难得。

同治十年，直隶水灾。胡雪岩捐制棉衣15万件，并捐牛具、籽种、白银1万两，由于天津一带积水成涝，籽种不全，他又续捐足制钱5万串，以助泄水籽种之需。

光绪十一年，陕西干旱，饥民急需粮食充饥，胡雪岩初拟捐银2万两，白米1.5万石装运到汉口再转运入陕，左宗棠考虑到路途遥远，转运艰难，要他改捐银两3万两，结果胡雪岩捐实银5万两解陕备赈。此外，胡雪岩还曾捐输江苏沭阳县赈务制钱3万串；捐输山东赈银2万两、白米5000石、制钱3100串，劝捐棉衣3万件；捐输山西、河南赈银各1.5万两。

以上仅是胡雪岩捐输赈灾的一部分，据光绪四年左宗棠上奏朝廷的《胡光墉请予恩济片》，根据胡雪岩呈报捐赠各款，估计已达20万两白银，这还不包括他捐运西征军的药材。

捐赈作为胡雪岩的一大功绩，成了左宗棠为他争取黄马褂的一个重要砝码。胡雪岩用财富赢得了善名，又以善名获取更多的财富，足令今人感佩，引以为鉴。

杨乃武与小白菜案，是清末轰动全国的四大奇案之一，一百多年来，被竞相编成戏剧、电影、电视、小说、曲艺，殊不知，胡雪岩与申这场旷世奇冤有着重大的关系。

为了争取京官们对杨乃武一案的同情，唤起他们扶正祛邪的良知，胡雪岩专门拜访了回杭州老家办理丧事的翰林院编修夏同善（曾任兵部右侍郎、江苏学政），向他诉说杨乃武、小白菜的冤情，要求他回京后寻找适当的机会向同僚进言，帮助重审此案。

杨乃武、小白菜一案发生之时，胡雪岩已有道员兼布政使衔，并担任上海转运局委员，有财有势。这样一位人物的介入使杨乃武小白菜案有了转机。

同治十三年农历九月，杨菊贞陪同杨乃武之妻詹彩凤、杨乃武之子荣给与姚贤瑞，经过一个多月的长途跋涉再次来到北京。她们首先拜见了夏同善，送上其弟夏缙川的书信及控诉状，经夏同善介绍，又遍访了在京的浙江籍大小官员三十余人，接着又向步军统领衙门、刑部、都察院投诉。

夏同善不忘胡雪岩之托，多次访问大学士、户部尚书、都察院左都御史翁同龢，恳求他去刑部查阅浙江审理该案的全部卷宗。后在翁同龢与刑部分管浙江司刑狱的林文忠的共同努力下，慈禧、慈安两宫皇太后亲下谕旨，重理此案。

由于办案人员一拖再拖，案子悬而未决。慈禧太后指派正在浙江选才的浙江学政胡瑞澜，以钦差大臣的身份赴杭复审。科班出身、不懂刑狱的胡瑞澜滥施酷刑，杨乃武双腿被夹断，仍不肯招供，毕秀姑手指尽折、上衣被剥、开水浇身，烧红的铜丝穿入双乳，再次诬服。

光绪元年给事中边宝泉上奏异议，夏同善等浙籍京官联名上书，奏明此案不明，只恐浙江将无人肯读书上进了，一致要求提京复查。清廷下旨刑部，于光绪二年底，将葛品连棺木移往京师，当众开棺验明死者实系病亡，至此，这一历时三年多的大案才真相大白。杨昌溶以下的审办官员都受到处分，杨乃武和毕秀姑出狱。杨乃武回杭后叩谢了患难相助的胡雪岩，回乡后以种桑养蚕为业。

杨乃武、小白菜案轰动朝野，胡雪岩以自己特殊的声望赞助钱财、运动京官，为争取重审此案并最终昭雪起了不可低估的作用。毋庸置疑，随着此案的广泛流传，胡雪岩的义声善名更加深入人心了。

佛云：救人一命，胜造七级浮屠。这句话就是告诫世人，要去帮助那些危难之人，帮助危难之人，就是在为自己积阴德。所以，不管是有无佛缘之人，都要把"善"字常记心间，都要为需要帮助的人提供必要的帮助。

"何谓兴建大利……"

——善是做有利于人的事

【原典】

何谓兴建大利？小而一乡之内，大而一邑之中，凡有利益，最宜兴建。或开渠导①水，或筑堤防患，或修桥梁以便行旅，或施茶饭以济饥渴。随缘劝导，协力兴修，勿避嫌疑，勿辞劳怨。

【注释】

①导：疏导，疏通。

【译文】

什么是兴建大利？小如在一个乡之内，大如一个县之内，只要是对人们有利益的工程，都应该兴建。比如，疏通水渠，修筑堤坝防范洪水，或者修建桥梁，方便行人出行；或者施舍茶饭，救助那些饥饿的人。顺其自然地劝导，同心协力地兴修工程，不要为了避免被人怀疑就不干，也不要因为辛苦艰难而抱怨。

☞主题阅读链接

　　行善是不分大小的，在前面也说过，行善最主要的是看心里面的想法，只要是真心行善，无论是大善还是小善，都能得到回报；但如果是以一种自私的目的来行善，就不一定能得到福报了。再有一种情况就是要看行善的人自身实力的大小。在一些人眼里的大工程，或许对另一些人来说就是九牛一毛、不值得一提的，这就要看一个人行善时的真心了。只要是真心付出了努力去行善，那么无论兴建的是大工程或者是小工程，只要有利于人民，只要能真正帮助到一些人，那么这就是真正的行善。

　　无论是古代还是现代，都有很多人参与到兴建大利这样的行为当中去。兴建大利，最受益的就是普通的百姓，所以说，兴建大利就是心怀天下的表现。能够兴建大利的人，必然都是心怀天下、忧国忧民的人。这样的人不图名利，只是从真心出发，为百姓谋福利，这样的人是注定能够获得巨大阴德的。人们应该多多向这样的人去学习，一定要多做善事。

当然，能够兴建大利，为百姓谋福利的人是不会被人们忘记的，这也许就是这种人自身福报中的一项。比如说了凡先生自己，他当官的时候曾经无数次兴修水利，并且都是为了百姓的利益，付出了巨大心血。像他这样内心装着百姓、装着国家的人，百姓不会忘记，国家也不会忘记，上苍是更加不会忘记的。

什么叫大利？心若大，便是大；心若小，便是小。所以说，只要心态平和，只要是有利于人民的事情就去做，因为你所做的都是大善。

兴建大利确实有利于百姓，但也确实要付出很多，在表面上也确实看不到什么实际的回报。回报对于一些把自身利益看得很重要的人，特别是目光短浅的人是很重要的，所以这样的人很可能去阻挠自己的亲人或者是朋友去做兴建大利的事情。而且兴建大利的人会受到人们的赞扬，这就会导致一些人心里产生莫名其妙的嫉妒和不平衡，会想方设法地抹黑别人。特别是这种能够兴建大利的人，本来他们自身就很有实力，这就已经遭人嫉妒了，又取得了好名声，就更让人心里不平衡了，所以肯定要遭到一些人的非议。在这种时候，一定要坚持下去，不能退缩，一定不能因为一点挫折就选择放弃。

做什么事情都要有一个端正的态度，就拿兴建大利来说，就应该不辞辛劳，任劳任怨，虽损身亦不顾。

"何谓舍财作福……"

——舍财作福

【原典】

何谓舍财作福？释门万行①，以布施为先，所谓布施者，只是舍之一字耳。达者内舍六根②，外舍六尘③，一切所有，无不舍者。苟未能然，先从财上布施。世人以衣食为命，故财为最重。吾从而舍之，内以破吾之悭，外以济人之急。始而勉强，终则泰然，最可以荡涤私情④，祛除执吝。

【注释】

①行：指善行。

②六根：佛门词语，指眼、耳、鼻、舌、身、意。

③六尘：佛门词语，是指六根之外的东西。尘：指污秽。

④私情：私心。

【译文】

什么是舍财作福？佛门有很多种善行，其中以布施最为重要。所谓布施，不过就是一个舍字而已。心境通达的人不仅舍掉了六根，还舍掉了六尘，所有的一切，没有不能舍弃的。如果不能做到这一点，那就先从财物上布施。一般人都把衣食当作身家性命，所以对钱财看得非常重要。我却将钱财放弃了，这样不仅解决了我吝啬的问题，也可以在危急的时候救人一命。开始的时候可能会有些勉强，时间长了就不觉得有什么了。这样最终就可以洗净私心，祛除吝啬。

☞**主题阅读链接**

　　了凡先生在这段中主要讲述的行善方法是舍财作福，就是指放弃自己的钱财来修得福分。了凡先生在开头举了一个佛门的例子。

　　佛教的善良主要表现在用一颗包容的心来行善，正所谓"放下屠刀，立地成佛"，即使是大奸大恶的人想要改邪归正或者说是重新向善，都可以来皈依佛门，由此可见佛门的行善之深。在佛教中，忍辱、禅定、持戒等都可以算作是行善的范畴。佛教的善行主要体现在佛法上，有道是佛法无边，可见佛教的善行也是有很多的。佛教中最重要的一种善行应该算是布施了。布施是佛教中最重要的善行，分为财布施、法布施和无畏布施，佛教中所有的善行都无法脱离布施这个范畴。

　　所谓的布施，说白了就是把自己的东西分给别人，就是舍弃自己的东西。布施是一种无上的功德。佛教中人已经是看破红尘了，尘世间的一切都舍弃了，没有什么留恋的，所以他们可以做到无所顾忌，哪怕是为了布施行善失去很多东西，即使是生命，他们也完全不在乎，比如说佛祖舍身饲虎的故事。

　　传说释迦牟尼也就是佛祖在还没有成佛的时候，有一天他出门看到一只老虎饿得已经站不起来了，于是生出了怜悯之心，就用自己的身体来喂养这只老虎，这就是他对那只老虎的布施。舍身饲虎，可见佛祖的境界之高，也可以看出布施是一定要付出一些东西的。

　　那么文中的"内舍六根，外舍六尘"是什么意思呢？所谓的六根是指自身的眼睛、耳朵、鼻子、舌头、身体和意识；而六尘是指外界的色、声、香、味、触、法。从这里面包含的内容我们就可以看出来，无论是六根还是六尘，都是一个人本身活在这个世界上最重要的东西。佛教认为，只有真正能够舍弃这些东西才能做到真心布施，才能最终成佛。当然能做到这些的毕竟只是少数人，也就是了凡先生所说的"达者"，这样的人基本上都可以成佛了。

　　或许有人会问，了凡先生在这段中讲的是舍财作福，但是却用佛教的布施来说事，那是不是就是说人们想要舍财作福的话就必须"内舍六根，外舍六尘"或者是像佛祖一样以身饲虎呢？当然不是，不说普通人到底能不能做得到，就说普通人和达者就是无法比的，两者之间的差距是非常大的。了凡先生之所以在这里用佛教的布施来说事，主要就是想说舍财作福和布施是一样的，都必须要懂得"舍"的精神。

佛教认为，舍就是得，得就是舍，如同色即是空、空即是色一样。有得必有失，当人想得到一些东西的时候，必然就会失去另外的一些东西。就好比古代的皇帝，他们得到了做皇帝的权力，就必须要舍去只有普通人才可以拥有的自由自在和无忧无虑。所以说，舍和得其实是一种因果关系。舍得的道理其实是很简单的，或许很多人都知道并理解，但是真正能做到"舍"的人却是屈指可数。人是一种自私的动物，最见不得的就是自己的利益受到损失。

但是，不懂得舍弃终究是不可能得到的。当然，这并不是说要求普通人像达者那样内和外全部都舍弃，而是要一点一点地循序渐进。对于普通人来说，第一步就是对于身外之物的舍弃，而身外之物中最重要的便是钱财，这才是舍财作福的真正含义。

"何谓护持正法……"

——世界要有"正法"

【原典】

何谓护持正法①？法者，万世生灵之眼目也。不有正法，何以参赞②天地？何以裁成③万物？何以脱尘离缚？何以经世出世④？故凡见圣贤庙貌，经书典籍，皆当敬重而修饬之。至于举扬正法，上报佛恩，尤当勉励。

【注释】

①正法：古代先贤经过长时间的实践和积累总结出来的规律和道理。

②参赞：参与协助。

③裁成：成就。

④出世：超脱世间的束缚。

【译文】

什么是护持正法？法，是世间万物生灵的眼睛。没有正法，怎么能参与协助天地的变化呢？怎么能成就万物生长呢？怎么能脱离尘世的束缚呢？怎么能经理世务、超脱世间的束缚呢？所以只要见到先辈圣贤的庙宇和经书典籍，都应该敬重并维护整理。至于弘扬正法，报答佛祖的恩德，这种事情更应该鼓励。

☞**主题阅读链接**

护持正法就是要保护好佛法或者是古代圣人们总结出来的知识和道理。所谓的正法，在这里指的是古代先贤经过长时间的实践和积累总结出来的规律和道理，包括儒家学说和佛法等。正法是真正帮助人们进步的东西。正如了凡先生所说的：正法是万物生灵的眼睛。有了正法，人们就能够懂得并参与协助天地的变化；有了正法，人们就能够明白万物生长的规律；有了正法，人们就能够脱离尘世的束缚，也能够超脱时间的束缚。所以说正法是相当重要的，护持正法也就十分重要了。

那么如果没有正法会产生什么样的后果呢？

第一，如果没有了正法，没有了那些古代圣人和先贤给人们留下的书籍和知识，人们就不可能领悟到天地生养万物的功德。世间任何事物，包括人，都是天生之、地养之，天和地共同培育了天地万物，它们是有养育万物的恩情的。人们懂得了这个道理，所以人们才会尊重天地，尊重自然，不会随便破坏生态的平衡和和谐，最终为可持续发展做出贡献。但是如果没有正法的话，人们或许就会肆无忌惮地去破坏大自然和天地生养的万物，破坏天地赋予人们的东西，或许整个地球也早就不存在了。

第二，没有正法人们就不会懂得万物生长的规律。人们要是不懂得万物生长的规律，到时候可能就会发生随意破坏万物生长规律的事情，不但要损失自己的利益，最终也可能导致这个世界的最终崩溃。

第三，正法有教导人们的作用。如果没有正法，那么人们就有可能都是没人教育的人。人没有了智慧，就无法促进这个世界的发展，也无法看破这个世界的本质，当然没办法脱离尘世和世俗的干扰。

正是由于没有正法会造成严重的后果，人们才应该果断加入护持正法的行列中去。那么究竟应该怎么样去护持正法呢？了凡先生认为，人们看到了圣贤的寺庙、经典著作和遗训等东西，一定要非常敬重，如果碰上有被破坏或者是不完整的，要想办法修复或整理成完整的。

由于圣人对于中国社会和人民思想的发展起到了十分重要的作用，因此对于古子的圣贤，现代人也要保持一定的尊重，甚至是必须要保持敬重和敬畏。对于圣贤的庙或者是像，要保持尊敬，如果破坏了要想办法修补，这样好让后人能够继续瞻仰到古代的圣人。另外对于圣人们所总结出来的知识和写出来的书籍更要很好地保护，因为这些书籍帮助了一代又一代的人认清了这个世界，要完好地保存下去，让这些东西能够继续帮助以后的人也来认清这个世界。

对于那些正法，人们应该去大力宣扬。宣扬正法，能够让更多的人充满智慧。对于正法的大力宣扬，最终获利的是人类本身，因此宣扬和保护正法是人类必须要做的事情。

那么护持正法又怎么能算作是善行呢？第一，护持正法最终是为了保护这个社会能够正常发展，保护人类能够正常发展，这是有利于所有人民的，所以说护持正法是行善，是做善事；第二，修缮庙宇、修补经书或古代先贤的书籍，不让知识失传，这本身就是一件善事，本身就是有利于人民的事，有无上的功德。从这也可以看出护持正法是行善。

"何谓敬重尊长……"

——敬重尊长

【原典】

何谓敬重尊长？家之父兄，国之君长，与凡年高、德高、位高、识高者，皆当加意奉事。在家而奉侍父母，使深爱婉容①，柔声下气，习以成性②，便是和气格天③之本。出而事君，行一事，毋谓君不知而自恣④也；刑一人，毋谓君不知而作威也。事君如天，古人格论⑤，此等处最关阴德，试看忠孝之家，子孙未有不绵远而昌盛者，切须慎之。

【注释】

①婉容：温婉的容貌。

②习以成性：习惯成自然。

③格天：感动通天。

④自恣：放荡自己。

⑤格论：精辟的言论。

【译文】

什么是敬重尊长？家里的父母兄弟，国家的君主长官，以及凡是年龄大、德行高、职位地位高的人，都应该敬重他们。在家里就要侍奉父母，要有深爱父母的心和温婉的容貌，说话要温柔，要心平气和，这样才能逐渐养成习惯，这就是和气感动通天的办法。在朝堂中侍奉君主，做任何事都不要因为君主不知道就放纵自己。刑讯任何人都不要因为君主不知道就作威作福。侍奉君主，就像侍奉上天一样，圣贤的言论很正确，这与阴德的关联十分密切。看看那些忠孝的家庭，子孙后代没有不兴旺发达的。所以，一定要格外谨慎小心。

☞主题阅读链接

这段主要讲述了什么是敬重尊长以及为什么要敬重尊长。尊长包含着几个方面：第一就是自己家中的父母和兄姐；第二就是一个国家的君主以及各种官员和领导；第三就是那些比自己年龄大、德行高、职位地位高的人，这其中包括古代的圣贤之人、学

校的老师等等。那么为什么要敬重尊长呢？尊长其实就是长辈，敬重尊长就是要敬重长辈。

《大乘本生心地观经》上说："世间大地被称作是最重的，悲母的恩情比大地还要重。世间须弥山被看作是最高的，悲母的恩情比须弥山还要高。"所以，为人子女一定要孝敬自己的父母。

佛陀与弟子阿难进城乞讨，阿难遇见一位老父亲和一位老母亲，他们双目失明，一贫如洗，生活艰苦异常。但他们有一个极尽孝道的七岁儿子，他经常去讨食物，把好的饭菜果品拿给父母吃，酸苦变味的残剩食物留给自己吃。阿难非常赞赏这个小孩恭敬孝顺父母，遂向佛陀禀报。佛陀说："无论出家还是在家，慈心孝顺，供养父母，都在情理之中，其功德也极其高尚难估。"佛陀还向阿难讲述了自己孝敬父母的故事，在父母生命垂危时，他把自己身上的肉割下来供养父母，以至圆成正果，修成佛道。

孝敬父母是中华民族的传统美德。做人要饮水思源：生命从何而来？人生如何成就？能知恩报恩不忘本，才不会愧对父母的养育恩德。自古以来，古圣先贤以孝为宗，佛经以孝为戒，万善之门以孝为基。人人应礼敬供养尊亲。

世界首富比尔·盖茨在接受意大利《机会》杂志记者采访，在回答最不能等待的事情是什么时说："天下最不能等待的事情莫过于孝敬父母！"本以为满脑子都是生意经的他，会回答莫错过"商机"之类的话，可是他却语出惊人，发人深思。

我们常常听到一些人说，工作太忙了，实在没工夫看父母。这与比尔·盖茨相比，就显出很大的差距。差距就在没把孝敬父母放在最不能等待的事情的位置上。

父母到了要子女孝敬的时候，已经步入老龄。此时，他们生活上、精神上越来越需要子女孝敬，而且这种孝敬主要在亲情，而非全都可用金钱或雇个保姆来替代的。随着年龄的增长，子女孝敬父母的机会也就逐渐减少。商机之类错过了还会再来，而失去父母健在的孝敬机会，那就时不再来，会遗憾终身。

　　"万事孝为先"，"父母在不远游"等古训，说明传统孝文化早就把孝敬父母放在优先的位置。现在又有了比尔·盖茨"天下最不能等待的事情"的说法，这表明不论古今、中外，人同此心。

　　"谁言寸草心，报得三春晖"，这是中华民族传统的美德。亲情是一个人善心、爱心和良心的综合表现。孝敬父母、尊老爱幼是做人的本分，是天经地义的美德，也是各种品德形成的前提，因而历来受到人们的称赞。

　　天竺迦夷国里有一对夫妇，志向清净，在山中修行，信乐空闲，只存一子，名叫"睒"。睒十岁时，老夫妇双双两目失明，幸睒至孝仁慈，昼夜奉侍父母。以茅为屋，以草为褥，不寒不热，常得安适。众果香甘，泉水清凉，饮食不虞缺乏。日日群鸟作音乐声，诸兽慈心相向，并无相扰乱的意图。睒于天寒地冻时，常穿鹿皮衣提瓶取水，麋鹿众鸟亦往饮水，不彼此畏难。

　　有一天，国王入山射猎，见水边有一群鸟鹿，引弓而射，矢箭误中睒的胸部，他大叫一声，血流如注，命在旦夕。国王下马来到睒面前。睒说："象因牙而死，犀因角而亡，鸟因翠毛而被捕，麋鹿为皮肉而被杀。我今因何而等死？"

　　国王大自悔责。睒又说："此非国王的过失，是我自己宿业所致。我不惜自己身命，但怜我父母，年既衰老，两眼又盲，无所依靠，也当有个善养善终。我之所以懊恼，并不是为中箭流血而痛。"国王再三向睒悔过，宁愿奉养睒的父母，嘱咐他不要过虑。

　　国王一面嘱人看守，一面去寻找睒的父母。他们听说睒中箭，两人昏倒于地。国王便向前扶牵睒的父母，来到睒的身旁，见其已奄奄一息，父亲抱着他的脚，母亲抱着他的头，仰天大呼。母亲又用舌头舔舐他胸部的伤口，希望把毒吸入自己的口中而死，以身代子。睒胸中的毒血经母吮吸，睒便渐渐复活过来。父母惊喜，国王也非常高兴。

　　大家都认为这是佛陀庇佑的奇迹。国王就发誓不再射猎，带领左右从者数百人，踊跃奉持五戒十善。国王还命令国中所有目盲的父母，全部由国库供给衣食，令子女应尽晨昏定省的孝道，违者重罚。于是全国人民因睒死而复生的缘故，互相劝勉，孝道盛行。

　　佛说："为父母者，皆深爱其子女，竭力教养，虽多诸苦难，乃至命亡，亦终不弃舍子女；故为子女者，应当孝顺父母，侍奉供养。父母即是家中活佛。若有不孝父母，已是大罪，若更违反父母诫教，则堕地狱无疑矣。"相反，奉行孝道，就像故事中的睒一样，反而会给自己带来福报。

"儿子一日长一日，爹妈一年老一年。劝人及时把孝尽，兄弟虽多不可攀。若待父母去世后，想着尽孝难上难。纵有猪羊灵前祭，爹妈何曾到嘴边。不如活着吃一口，粗茶淡饭也香甜。"歌谣说得太有道理了。"子欲养而亲不待"。与其父母死后哭断肝肠，后悔曾经的许诺未曾兑现，不如生前善待老人，从小事做起，从点滴做起，从现在做起。有时间就常回家看看，帮父母做点事。他们不求你成为达官显贵，也不求你给他们多少金钱，在他们心里，看见你过得幸福就是给了他们最大的安慰。而当你能把对父母的那份爱真实地表达出来，就是对他们最大的回报。

"何谓爱惜物命……"

——仁者爱物爱人

【原典】

何谓爱惜物命？凡人之所以为人者，惟此恻隐①之心而已，求仁者求此，积德者积此。《周礼》："孟春②之月，牺牲毋用牝③。"孟子谓："君子远庖厨。"所以全吾恻隐之心也。故前辈有四不食之戒，谓闻杀不食、见杀不食、自养者不食、专为我杀者不食。学者未能断④肉，且当从此戒之。

【注释】

①恻隐：同情。

②孟春：早春。

③牝（pìn）：指母牲口。

④断：断绝。

【译文】

什么是爱惜物命？人之所以是人，就是因为人有同情心而已；追求仁慈的人追求这些，积德行善的人在累积这些。《周礼》说："早春的时候，祭祀用的牲口也不能用母的。"孟子说君子要远离厨房，就是为了保留同情心。所以先贤就有四条不能吃的规矩，是听见宰杀的声音不吃，看到宰杀的场面不吃，自己喂养的不吃，专门为己宰杀的不吃。人们不能断绝吃肉，至少应该以这四不食为戒。

☞ **主题阅读链接**

在这段中，了凡先生多次提到一个词，那就是恻隐之心。那么究竟什么是恻隐之心呢？恻隐之心，说白了其实就是同情心，是仁者的爱物之心。

恻隐之心最早是由中国儒家的圣人之一孟子提出来的，《孟子·告子上》："恻隐之心，人皆有之；羞恶之心，人皆有之；恭敬之心，人皆有之；是非之心，人皆有之。恻隐之心，仁也；羞恶之心，义也；恭敬之心，礼也；是非之心，智也。"恻隐之心就是同情心，应该是每个人都有的，没有恻隐之心的人是不能够称为人的。孟

子认为，恻隐之心其实就是儒家学说中的核心思想，就是那个"仁"字。

古往今来，由于儒家思想对中国古代的统治以及对中国人民的影响，无数的圣贤之人穷极一生都在努力追求一个"仁"字。为此，无数的古代圣贤都十分努力地去行善积德，希望可以早日求仁得仁。孟子认为，所谓的仁，其实就是指的恻隐之心。既然恻隐之心已经人人都具有，为什么仁者还要去求仁，去求恻隐之心呢？为什么行善积德的人还要去积累恻隐之心呢？因为他们求的不单单是恻隐之心，而是要把恻隐之心发扬光大。

恻隐之心是人的本性，每个人都有，只是有很多人都没有发现而已，但是很多时候人都会不自觉地产生恻隐之心。就像是一些人看到一些悲情的电视剧或者是电影的时候，会不自觉地为其中受到伤害的人感到伤心，甚至流下泪水，这就是恻隐之心的表现。明明知道电视剧或者电影中演的东西是假的，但是在恻隐之心的支配下，就是无法抑制自己的悲伤。

人们行善和一个国家的统治者实行仁政都是恻隐之心的表现。但是，大

部分时候，恻隐之心都是隐藏在人们的内心深处的，都没有表现在人的表面的行为上，因此人们才会觉得行善的人很少、实行仁的统治者也远远少于实行暴政的统治者。因此，古代的圣贤们才提出了"仁"的观点，他们追求仁，就是希望世界上的每个人都能把内心深处的恻隐之心发扬光大，所以后人们在整理古代典籍的时候就会发现，很多古代圣贤人的思想、语录或者是书籍都有讲述同情心、讲述慈悲之心和讲述恻隐之心的。

后人想要向圣贤们学习，就一定要做到这一点，不能丢掉自己的恻隐之心。保持一颗恻隐之心，对一个人的成长是有很大帮助的。

"渐渐增进……"
——爱这世间一切生命

【原典】

渐渐增进，慈心愈长。不特杀生当戒，蠢动含灵①，皆为物命。求丝煮茧，锄地杀虫，念衣食之由来，皆杀彼以自活。故暴殄②之孽，当与杀生等。至于手所误伤，足所误践者，不知其几，皆当委曲防之。古诗云："爱鼠常留饭，怜蛾不点灯。"何其仁也！

【注释】

①蠢动含灵：指万物众生。

②暴殄：破坏、糟蹋。

【译文】

循序渐进地进行，慈悲的心也渐渐增长了。不应该只是禁止杀生，万物众生都应该被爱护。抽取蚕丝的时候需要煮茧，锄地的时候杀掉地里的虫子，考虑下衣服和食物的由来，都是杀死别的生命来使自己存活。所以糟蹋毁坏粮食的罪孽，应该和杀万物众生是相等的。至于失手误伤和失足踩伤的，更是数不胜数，都应该想方设法防备。有古诗说："爱怜老鼠就常常留下一些剩饭，可怜飞蛾就在晚上少点灯。"这是多么仁慈啊。

☞主题阅读链接

这段是承接上面一段的，主要讲述的是爱惜物命。只有恻隐之心达到了一定的程度，才能真正理解爱惜物命的含义。

恻隐之心的增长其实是很简单的，那就是必须要在心中坚定恻隐之心、慈悲之心的信念，只有信念坚定，意志坚定，那么恻隐之心才不会丢失，也不会受到外界各种因素的影响。并且随着时间的推移，信念就会越来越坚定，恻隐之心的想法也就会来越多，最终就会明白什么是爱惜物命。

所谓物命，指的是大千世界中所有的生命，包括动态的和静态的，包括人和各种动物、植物，或者可以说是这个世界上的一切生物。大千世界，一切生物，不管是大型动物比如大象等，还是小型的昆虫像飞蛾等，当然还有各种植物如花草树木等，都是和人一样，是有生命的，因此都不应该受到迫害。

佛界悲悯一切生命，珍爱一切生命，这是佛界所讲的大善。所以，佛教是绝对禁止杀生的。可是，人作为万物之灵长，却似乎并不愿承认佛教的这一戒律，而且总是以自己所占的优势去践踏和摧残那些无辜的生命。

一座山上住着一位很有智慧的禅师，山下的村里有什么疑难问题，村民们都上山来向他请教。

村民们说没有任何事情能难住老人家。

有一个聪明又调皮的孩子想故意为难那位禅师，他捉住了一只小鸟，握在手中，跑去问禅师："大和尚，听说您是最有智慧的人，但我却不相信。假如您能猜出我手中的鸟是活的还是死的，我就相信了。"

禅师注视着小孩子狡黠的眼睛，心中有数。假如自己回答小鸟是活的，小孩会暗中加劲把小鸟掐死；假如回答小鸟是死的，小孩定会张开双手让小鸟飞走。

禅师于是拍拍小孩的肩膀说："这只小鸟的死活，就全看你了。"

看看这个孩子吧，一个小孩就可以决定一只小鸟的生死，人类是否可以重新审视一下自己的天性和良知？人类为了自己的生存，遵循物竞天择、弱肉强食的生存规则是无可厚非的，否则，我们就只能自取灭亡。但我们绝不能因为自己是万物之灵长就可以像那个小孩一样任意将其他的生命握在手中，用我们的意志去决定它们的生死。

遗憾的是，很多人认为人才是生命的主宰，从而忽视对其他生命的珍惜。

在世俗社会中，关于杀生的伦理原则，应该是把需求量降到最低，把猎杀量降到最低。索达吉堪布因此说："不是绝对禁止杀生，而是尽可能减少杀生。尽可能减少杀生，不仅是为了'可持续发展'，使我们明天还有生可杀，而且是基于'众生平等'的伦理，认识到杀

生就是作恶。"的确，为了我们人类的生存和健康，我们不得不杀生，那是我们不得不作的必要的恶。或者说，必要的作恶不算作恶。或者说，理性的作恶恶中有善。

是的，理性的作恶，恶中有善！因为并不是每一粒生命的种子都有发育的权利，并不是每一个生命的个体都有继续生长和繁衍的权利。如果每一粒鱼卵都不受伤害地发育成鱼，不出几代，整个地球水域就会变得拥挤不堪，最终成为一切水生生物的坟场。如果每一枚鸡蛋都不受伤害地孵化成鸡，如此蛋生鸡、鸡生蛋，不出十年，地球上的所有空间就只剩下了鸡，进而成为鸡的墓地……所以，杀生是恶行，也未尝不是善举。

对于人类，对于世俗社会，其伦理原则当为：可以杀生，但不要超出自己的生存需求，不要危及被食用者的物种生存，不要赶尽杀绝，不要暴殄天物，不要无端地残害生命。

"善行无穷……"

——有善，才能实现全部功德

【原典】

善行无穷，不能殚①述，由此十事而推广之，则万德可备矣。

【注释】

①殚：竭尽。

【译文】

善行是无穷无尽的，不能全部描述出来。由上面总结的十个方面的例子来推演开去，那么所有的功德全部都能实现了。

☞主题阅读链接

　　这段主要是对前面的随缘行善的十种方法的一个简单的总结。十种做善事的方法了凡先生在文中都已经详细地叙述过了。如果这个社会上的人都按照上面所说的那些方法去行善，人们的功德就会积累得越来越多，这个社会也会慢慢发展得越来越好。

　　或许有人会问，自己也很想行善，但是一时还是做不到了凡先生所说的那十种方法，那应该怎么办呢？其实这不是什么大问题，或者可以说这样的人是值得鼓励和肯定的，因为他们有一颗行善的心。要知道，无论做什么样的善事，都必须要有一颗善心作为基础。善心一点一滴地积累起来，到最后发生质的变化，那么随缘行善的十种方法就自然而然地能够做到了，根本就不用刻意地去那样做。拥有一颗善心才是最重要的，只要拥有一颗善心，慈悲之心，那么无论怎样做，哪怕不是按照了凡先生的十种方法去做，那也是行善，也是能够获得无上功德的。

　　人的善心和善行是无穷无尽的，并不是说用一篇文章或者是几篇文章就能够全部描述出来。了凡先生在这篇文章中所写到的行善的方法虽然很全面了，但是毕竟不可能是全部的方法。这个世界上的事物都是处在运动之中的，也就是说事物都是处在发展变化之中的，

行善的方法也是一样，也是处于不停的发展变化之中的。所以说，人们要坚持按照了凡先生所说的十种方法去行善，但也不能死板地去全部照做，或许可以根据实际情况进行适当的变化，也可以另辟蹊径去创造其他方法。只要是一心向善，那就不要拘泥形式，要大胆地去做。

行善的另一个重要原则就是坚持。行善积德是一个长期的过程，并不是一些人心血来潮做一件善事就能获得大的功德。很多人都有过一个行善的梦想，每个人都曾经想过做大善人，但是由于种种原因，可能是由于付出却没有及时得到回报，也可能是由于现实生活所带来的压力，使得人们不能在行善这条路上走得很远，半途而废是经常发生的事情。殊不知，就在那些人放弃了行善这条路的那一刻，上天所赐给的福报也开始与他们渐行渐远了。

漫漫人生路，有些人也许会因为做了一辈子的坏事而受到了严重的惩罚，祸及子孙；而有些人因为做了一辈子好事得到了丰厚的回报，福泽后代。既然同样都是一辈子的人生，为什么不去做一辈子的好事呢？即使不是为了自己，起码也为子孙后代留下一条后路和一份宝贵的精神财富。

第四篇　谦德之效

　　"谦德之效"是了凡的第四训。了凡通过引经据典和举实例的方式说明，除了善之外，谦虚的素养是人生不可缺少的，以及这种素养对人生有什么样的促进作用。从中我们明白，"低调""谦虚""忍让"等都是主导成功人生的关键。可以说，当下人的成功之道和了凡所说的"谦德"是一脉相承的。

"《易》曰……"

——谦虚点，学会从"新"开始

【原典】

《易》曰："天道亏盈而益谦，地道变盈而流①谦，鬼神害盈而福谦，人道恶盈而好谦。"是故"谦"之一卦，六爻皆吉。《书》曰："满招损，谦受益。"予屡同诸公应试，每见寒士②将达，必有一段谦光可掬。

【注释】

①流：充满。

②寒士：贫穷人家的学子。

【译文】

《易经》上说："天的道理是骄傲就会亏，而谦虚就会获益；地的道理是骄傲就要改变，而谦虚就要更加充实；鬼神的道理是骄傲就要受害，而谦虚就能得到福泽；人则是厌恶骄傲自满的人，喜欢谦虚的人。"因此，在谦这一卦中，六爻都是吉利的。《尚书》中说："骄傲自满就会受到损害，谦虚谨慎就会获得益处。"我多次和同乡一起考试，每次看到那些将要发达的寒门学子，都是一脸谦和的光彩，仿佛可以用手捧起来。

☞**主题阅读链接**

所谓的谦德之效，就是指一个人在日常生活中长期保持美好的思想、品德、德行所带来的好处。在道理上说是和行善积德是一样的，只是做法、侧重点不同而已，最后都会获得很大的好处。

谦虚本来就是一个美好的善行，完全可以划入到行善的行为之中。但是，谦虚这个品德对一个人来说实在是太重要了，必须要单独拿出来才能体现出它的重要性和说服力，笼统地把谦虚放到行善之中去理解根本不可能得到好的效果。因此，了凡先生单独作了一训来写谦德之效。在这段中，了凡先生主要是引用了古代经典书籍中的语句来说明谦虚品德的重要性。

有一个书生，听说某个寺院里有位德高望重的老禅师，便去拜访。老禅师的徒弟接待他时，他态度傲慢。后来老禅师十分恭敬地接待了他，并为他沏茶。

老禅师不停地倒水，明明杯子已经满了，老禅师还在倒，水都溢了出来。书生不解地问："大师，为什么杯子已经满了，还要往里倒？"

大师说："是啊，既然已满了，干嘛还倒呢？"

这个故事告诉我们，只有心中虚怀若谷，才能接受新的学问。就如同一个杯子，如果杯子里装满了浑水，不管加多少清水，杯里仍然浑浊；但若是一个空杯，只要倒入清水，它始终会清澈如一。因此，一个人要想应对时代

281

和环境的变化，就不能骄傲自满、故步自封，要及时更新自己，甚至否定自己。将自己大脑中的旧思维、旧知识全部倒掉，一切从"新"开始，不断地从"新"开始。

很多人在一个职位上有了一定经验后，就会觉得工作起来非常熟练，得心应手，认为自己各方面"都学得差不多了"，虽然也想继续学点东西、不断充实自己，但是因为旧知识就像杯子中的浑水一样，影响着新知识的获取，加上学进去的东西并不能在实际工作中好好地运用，就这样，慢慢地变成了"吃老本"。所以，我们要把自己当成人生学校的"新生"，不断地虚心向周围的同事、同行、客户等学习，以调整心态与思维惯性，全面接受新的知识。

在现实生活中，人们往往很难对金钱满足，却容易对知识和能力产生满足。孰不知，对知识的满足是一个极大的错误，它将使你丧失活力，甚至由此沉沦下去。一个人，只有保持孩子般的求知欲，时时"清空"自己，勇敢地更新自己，倒掉自己杯中的"浑水"，不断学习，不断思考，不断接受，才能保证自己有足够的活力和能力，去为实现梦想而奋斗。

"辛未计偕……"
——炫耀是做人的最大障碍

【原典】

辛未计偕[①]，我嘉善同袍[②]，凡十人。惟丁敬宇宾，年最少，极其谦虚。予告费锦坡曰："此兄今年必第。"费曰："何以见之？"予曰："惟谦受福。兄看十人中，有恂恂款款[③]，不敢先人[④]，如敬宇者乎？有恭敬顺承[⑤]，小心谦畏，如敬宇者乎？有受侮不答，闻谤不辩，如敬宇者乎？人能如此，即天地鬼神，犹将佑之，岂有不发者？"及开榜，丁果中式[⑥]。

【注释】

①计偕：举人们进京赶考。

②同袍：同乡，朋友。

③款款：诚恳忠实的样子。

④先人：先于别人行动。

⑤顺承：顺从，承受。

⑥中式：即科举考试被录取。

【译文】

　　辛未年进京赶考，嘉善有我和同乡朋友一共十个人。有一个人叫丁宾，字敬宇，他的年龄最小，但是却非常谦虚。

　　我对同行的费锦坡说："这个兄弟今年一定能够考上。"费锦坡说："你是怎么看出来的？"我说："只有谦虚的人才能获得福报。你看这十个人当中，哪个人像丁宾一样谦恭谨慎、诚恳忠实，又不先于别人行动？又有哪个人像丁宾一样顺从、承受、谦虚、小心、谨慎？有像丁宾一样受到侮辱不在意，受到诽谤也不辩解的吗？一个人能做到这样，天地鬼神都会保佑他的，怎么能不发达？"等到发榜，丁宾果然高中。

☞主题阅读链接

　　所谓的"计偕"，就是各地的举人们进京考试，这段是说了凡先生和他的几个同乡一同进京参加考试。和了凡先生一起进京参加会试的人一共有十个人，其中有一个人叫丁宾，字敬宇，他的年龄是最小的。

　　了凡先生发现十个人中年龄最小的丁宾十分的谦虚和诚实厚道，所以他就认定丁宾一定会前途无量。因此他对另外一个名叫费锦坡的人说出了他的想法，他认为这次会试丁宾一定会录取。

　　了凡先生断定丁宾一定能够考中，这好像有点武断。费锦坡询问了凡先生有这样判断的原因。了凡先生的答案是丁宾是这十个人里面最谦虚的一个人。了凡先生是根据天地鬼神等各种道的规律判断出来的。

之前说过："天道亏盈而益谦，地道变盈而流谦，鬼神害盈而福谦，人道恶盈而好谦。"无论天地鬼神哪种道的规则和规律，谦虚的总是会得到好处，总能够得到上天的报答。经过了凡先生长时间的观察，他发现丁宾就是那个最谦虚的人，因此他才做出这样的判断。

社会希望人们从众，与团体保持一致，无论这个团体是我们的朋友、家庭或是同事，对着装、举止、说话和思想都明显的有规定好的"准则"，当我们对这些准则有所偏离时，我们就不会被社会接纳，就会受到他人的嘲笑。

为人处世，遵守规则是远远不够的，还要了解人性。过度表现自己是大忌，这只会让人心生厌恶，产生误会，无形中多了敌人。

因此，在为人处世中，聪明人懂得不过度张扬自己，以免锋芒过露，遭受他人嫉妒、打击，给自己带来不必要的麻烦。

"丁丑在京……"
——勿让"矜"字坏了事

【原典】

丁丑在京，与冯开之同处①，见其虚己敛容②，大变其幼年之习。李霁岩，直谅③益友，时面攻其非④，但见其平怀顺受，未尝有一言相报。予告之曰："福有福始，祸有祸先，此心果谦，天必相之，兄今年决第矣。"已而果然。

【注释】

①同处：住在一起。

②敛容：严肃的样子。

③直谅：正直诚信。

④非：过失，错误。

【译文】

丁丑年在京城，和冯开之先生住在一起，只见他谦虚谨慎并且一副很严肃的样子，大大改变了童年时的习惯。他的好友李霁岩正直诚信，经常指出他的过失和错误，但是他都是平心静气地接受，没有反驳一句。我对他说："福气有福气的根源，灾祸有灾祸的前兆。你这么谦虚，老天一定会帮助你的。你今年一定会高中的。"后来冯开之果然高中了。

☞**主题阅读链接**

这段还是了凡先生为了说明谦逊的品德能够带来福报所举出的例子。从中我们可以看出两点有用的东西：第一就是冯开之现在是一个十分谦虚的人；第二就是冯开之小的时候不是这个样子的。文中先说冯开之现在十分的谦虚，又说他小时候和现在不一样。冯开之小的时候想必一定是年轻气盛、狂傲不羁、锋芒毕露的，这种性格说好听一点是极度自信，说不好听就是骄傲自大、看不起人。如果他还是这样一

第四篇 谦德之效

285

个人的话，相信了凡先生是无论如何也不会断定他能考中的。就是因为随着时间的推移，冯开之的性格和小时候有了很大的不同，他变得谦虚、谨慎了，懂得收敛自身的锋芒了，也正是因为这样使得他符合了天道，修得了自身的德行，因此才让了凡先生得出了他一定能够考中的结论。

李叔同说："尽管你有很大的功劳，都会被自夸自大毁了前程；当你犯了大的罪恶，如果不知道反悔也会毁了前程。"何为"矜"？此处意指自大、自夸。李叔同的这一句警世之言，不仅是在时时提醒自己，更是送给晚辈后生的一份厚礼。

李叔同不愧为一代宗师，对人性、世态的洞察真可谓入木三分。就像富人手中的钱一样，再多也禁不起无节制的挥霍，一个人的功劳再大，贡献再突出，也经不起一个"矜"字的侵蚀。在"矜"字面前，再高尚的人也会堕落，再优秀、强大的人也会变得不堪一击。

"矜"字害人之深，想必大家都有所耳闻。诚如杜牧在总结秦朝灭亡时所说："灭秦者，秦也，非天下也。"现在我们套用一句俗话："天作孽，犹可恕；自作孽，不可活。"正是一个"矜"字让强大的秦朝自掘了坟墓。有时候我们最大的缺点就是自以为是，明明不懂的事情，偏偏要装作很懂的样子，结果到最后闹出不少笑话，重者命送黄泉，悔之晚矣！

所以有一位哲人说过这样一句话：智者是不会自傲自大、自以为是的，与"矜"字为伴的只有蠢人！

三国时代，那位汉寿亭侯关羽，过五关，斩六将，单刀赴会，水淹七军，是何等英雄气概。可是他致命的弱点就是刚愎自用，固执偏激。当他受刘备重托留守荆州时，诸葛亮再三叮嘱他要"北拒曹操，南和孙权"，可是，当孙权派人来见关羽，为儿子求婚时，关羽一听大怒，喝道："吾虎女安肯嫁犬子乎？"总是看自己"一朵花"，看人家"豆腐渣"，说话办事不顾大局，不计后果，导致了吴蜀联盟的破裂，最后刀兵相见，关羽也落个败走麦城、被俘身亡的下场。本来嘛，人家来求婚，同意不同意在你，怎能出口伤人、以自己的个人好恶和偏激情绪对待关系全局的大事呢？假若关羽少一点偏激，不意气用事，那么，吴蜀联盟大概不会遭到破坏，荆州的归属也可能是另外一种局面。

关羽不但看不起对手，也不把同僚放在眼里。名将马超来降，刘备封其为平西将军。远在荆州的关羽大为不满，特地给诸葛亮去信，责问说："马超能比得上谁？"老将黄忠被封为后将军，关羽又当众宣称："大丈夫终不与老兵同列！"目空一切，气量狭小，盛气凌人，其他的人就更不在他的眼里，一些受过他蔑视侮辱的将领对他既怕又恨，以致当他陷入绝境时，众叛亲离，无人救援，促使他迅速走向败亡。

不仅是古人，骄矜依然是现代人身上最大的毛病。

有的人依恃着自己的才能、学识、金钱等，目空一切，狂妄自大。"狂"其实是不好的，要不得的，它的本意指狗发疯，如狂犬。做人如果太"狂"，便会失去人的常态。

一般来说，人们称狂妄轻薄的少年为"狂童"，称狂妄无知的人为"狂夫"，称举止轻狂的人为"狂徒"，称自高自大的人为"狂人"，称放荡不羁的人为"狂客"，称狂妄放肆的话为"狂言"，称不拘小节的人为"狂生"。

狂妄与无知是联系在一起的，"鼓空声高，人狂话大"。举凡狂妄的人，都过高地估计自己，过低地估计别人。他们口头上无所不能，评人评事谁也看不起，总是这个不行，那个也不中，只有自己最好；在他们眼里，自己好比一朵花，别人都是豆腐渣。

有的人读了几本书，就自以为才高八斗，学富五车，无人可比，现时的文学大家、科学巨匠全部不在话下；有的人学了几套拳脚，就自以为武功高强，身怀绝技，到处称雄，颇有打遍天下无敌手的气势。然而，狂妄的结局只能是自毁，是失败。

人们常说："天不言自高，地不言自厚。"自己有无本事，本事有多大，别人都看得见，心里都有数，不用自吹，更不能狂妄。在为人处世中，没有多少人信赖一个言过其实的人，更没有人乐意帮助一个出言不逊的人。李叔同不知多少次劝诫自己的弟子、学生，无论何时、何地都要以谦抑为上，不可自作聪明地显示、夸耀自己的才能和实力。只有这样，才能不断完善自己，也才能不被人妒忌，不被一个"矜"字毁了前程。

"赵裕峰光远……"
——不怕人生的挫折

【原典】

赵裕峰光远，山东冠县人，童年①举②于乡，久不第。其父为嘉善三尹③，随之任。慕④钱明吾，而执文见之。明吾悉抹其文，赵不惟不怒，且心服而速改焉。明年，遂登第。

【注释】

①童年：不满二十岁。

②举：中举人。

③三尹：官名，各级主官属下掌管文书的官员。

④慕：仰慕。

【译文】

赵裕峰，名光远，是山东冠县人，不满二十岁就成为了乡里的举人，但是多次赶考都没中进士。他的父亲调任嘉善的三尹，他也和他父亲一起赴任了。他很仰慕钱明吾这个人，于是就带着自己的文章去拜见。钱明吾把他的文章全部否定，赵裕峰不但不生气，而且还心服口服地迅速改正。第二年，他就考中了进士。

☞**主题阅读链接**

这段还是了凡先生为了说明谦虚能够得到福报而举出的例子。这是一个叫赵光远的人的故事。故事虽然不长，其中所包含的道理却颇深。

赵裕峰，本名叫赵光远，裕峰是他的字，山东冠县人。通过了凡先生的介绍，我们能够发现，这个人很不简单，他在不满二十岁的时候就在乡试中取得了好成绩，考中了举人。能够通过科举考试的第一阶段乡试、考中举人是十分不容易的，要不然古代怎么有那么多人考了一辈子科举都没有成为举人，像范进考中举人之后就发疯了，当时想要通过乡试成为举人是一件十分困难的事情。因此，赵光远以不满二十岁的年纪就杀出重围考中举人，非常值得敬佩。

《菜根谭》中说"处逆境时比于下，心怠荒时思于上。事稍拂逆，便思不如我的人，则怨尤自清；心稍怠荒，便思胜似我的人，则精神自奋"，讲的也是这个道理。

其实，自强不息的精神是古往今来无数英杰的座右铭。天道运行周而复始，永不止息，谁也不能阻挡。君子只要效法天道，自立自强，不停地奋斗下去，就能变成"飞龙"。

屈原是战国时期的楚国人。他二十几岁时就具有渊博的学识和卓绝的才干，深受楚王的信任和重用，封他为左徒。屈原在提任左徒之职期间，时刻以楚国兴亡为己任，积极主张改革内政，变法图强；对外力主"联齐抗秦"，并出使齐国，订立了齐楚联盟。由于他特别主张限制贵族特权，任用贤能，在很大程度上触犯了当时权贵的利益，因而招致了许多旧势力派人物的嫉恨和仇视，总是想方设法在楚王面前造谣、说坏话。于是昏庸的楚怀王听信了一些人的谣言，盛怒之下疏远了屈原，还将他放逐到江水以北。

屈原虽然受到楚怀王的冷落、排挤，但仍然时时关心楚国的命运。他身处逆境，不顾个人安危，坚决反对楚与秦国缔交，而楚怀王却刚愎自用，偏信靳尚、郑袖、子兰一帮小人的谗言，结果使楚国损兵失地，怀王本人也被秦国所欺骗，客死他乡。在新楚王即位后，屈原又满怀爱国救国的热情，向新即位的楚王提出广博人才、远离小人、改革政治的富国强兵主张。然而，新楚王不但不采纳屈原的建议，反而认为屈原是在侮辱自己，一气之下，又将屈原彻底革职，放逐到远离楚郢都的汨罗江边。

屈原满怀一颗救国救民的赤胆忠心，一腔富国强兵的热血，而结果却遭到一连串无情的打击和两次放逐。这不平之事向谁表白？这愤懑之情向谁诉说？他

如疯似狂地问苍天，问大地，问高山，问流水。在残酷无情的现实中，他满怀壮志遇挫折，满腔热忱遭冷遇。然而他并没有消沉下去，也没有在黑暗的势力面前屈服，更没有放弃自己忧国忧民的爱国情操和理想。在艰苦而漫长的流放生活中，屈原在充分吸收民间文学艺术营养的基础上，利用他所创造的"楚辞"这一文学艺术形式，以优美的语言、丰富瑰丽的想象，写出了大量具有积极浪漫主义精神和强烈、高尚爱国主义情操的文学作品。在这些诗歌作品中，最著名的是《离骚》——中国现存的第一首抒情长诗。除了《离骚》外，他在《九歌》《天问》《九章》等作品中也同样表达了他对自己富国强兵的政治理想的执着追求。"路漫漫其修远兮，吾将上下而求索"更加显示出这位伟大爱国诗人的崇高理想追求。屈原炽烈的爱国思想和道德情操以及忍辱负重、不计个人荣辱安危的伟大风范，千百年来一直感召、激励着人们不畏任何艰难险阻去创造光辉的历史。中华民族自强不息的精神和优良文化传统正是由于各个历史时代涌现出的以屈原为楷模的仁人志士才得以延续并发扬光大。也难怪西汉伟大的史学家司马迁不无赞叹地称屈原"可与日月齐光"。

像屈原这样自强不息、不畏艰难险阻去创造辉煌历史的例子还有很多。孔子之所以成为一个伟大的思想家，也与其自强不息的精神分不开。根据《史记》记载，孔子在晚年很喜欢阅读《易经》。但这本书道理很深，不容易读懂。孔子边读边思索，深钻细研，体味其中的义理。一遍读不懂就读两遍，还读不懂就再读第三遍……由于读的遍数多了，以至穿在《易经》上的皮绳几次三番地折断。其他如大禹治水十三年，三过家门而不入，最后消除了水患；苏秦刺股律己，终成大器；苏武十九载牧羊志不悔；司马迁受宫刑之辱后，著千古名篇《史记》……无不是自强不息的代表。

任何人一开始都是平凡的，但是只要能够奋发进取、自强不息，弱小的终会变得强大起来。

"壬辰岁，余入觐……"

——谦虚处世是为隆重之德

【原典】

壬辰岁，予入觐，晤①夏建所，见其人气虚意下，谦光逼人。归而告友人曰："凡天将发②斯人也，未发其福，先发其慧，此慧一发，则浮者自实，肆者自敛。建所温良③若此，天启之矣。"及开榜，果中式。

【注释】

①晤：遇到。

②发：启发。

③温良：温和善良。

【译文】

壬辰年，我到京城去见皇帝，遇到了夏建所。只见他神情谦虚谨慎，一点也不盛气凌人。回家后告诉朋友说："如果上天要让一个人发达，那么一定会先启发他的智慧。智慧一旦启发，那么浮躁的人就会沉淀下来，放肆的人也知道谦虚和收敛了。夏建所现在这个温和善良和谦虚的样子，就是上天开启了他的智慧啊。"等到考试结果发布，夏建所果然高中。

☞**主题阅读链接**

了凡先生的观点总结起来就是四个字，那就是"唯谦受福"，只有谦虚的人才能得到福报。可能有人会说，前面不是才说过只有善良的人才能得到福报吗，这里怎么又说只有谦虚的人才能得到福报呢？其实这两个方面是相互统一的。一方面，面对别人的时候，表现得谦虚一点，这本身就是一种行善；另一方面，也只有谦虚的人才会多多行善。那些骄傲自满的人，会认为一个人的所有经历都是自己应该得到的，所以对于那些遭到不幸或者是需要帮助的人他们会认为是罪有应得，他们是不会去行善、不会去帮助那些人的，只有谦虚的人才会生出同情心，所以说谦虚和行善是一样的道理。

"聪明睿智的人明智的处世之道是以'愚'自居，讲究道德的人的处世良方就在于'谦恭'二字。"

李叔同所说的以"愚"和"谦"自居，确实不失为一种明智的处世姿态，真正的聪明不是用来装饰门面的，锋芒毕露的人最终伤害的反而是自己。没有人喜欢上来就牛气哄哄的人，为人处世要时刻收敛起你的傲气，真正的处世良方就在于"谦恭"二字。

谦恭不是一种故意做作出来的姿态，而是一个人内在品德和修养的表现。谦恭者不因学问博雅而骄傲自大，也不因地位显赫而处优独尊。相反，谦恭者学问愈深愈能虚心谨慎，地位愈高愈能以礼待人。谦恭不是卑下，也不是软弱，更不是无能。谦恭是一种情韵，是一种境界，是一种气质。谦恭也是一种修养，那种脸上没文化、肚里无墨水的鲁夫莽汉是不会谦恭的。与谦恭者在一起，像领略风光美丽的大自然，让你流连忘返；像喝陈年老酒，让你回味无穷；像诵读一首气韵十足的诗歌，让你掩卷长思。

而有些人的所作所为却让我们很失望，他们不知天高地厚，妄自尊大，就如井底的蛤蟆一样令人生厌。

春秋时代，有一天，楚国一位学识渊博的老先生正和弟子们聚在一起聊天。一位其父相当富有的弟子趾高气扬地面向所有的同学炫耀：他家在郊外的一个村镇旁拥有一望无边的肥沃土地。

当他口若悬河大肆吹嘘的时候，一直在其身旁不动声色的老先生拿出了一张包括诸多国家在内的大地图，说："麻烦你指给我看看，楚国在哪里？"

"这一大片全是。"学生指着地图洋洋得意地回答。

"很好！那么，京都在哪里？"老先生又问。

学生挪着手指在地图上找出来，但和整个楚国相比，的确是太小了。

"你所说的那个村镇在哪儿？"老先生又问。

"那个村镇，这就更小了，好像是在这儿。"学生指着地图上的一个小点说。

最后，老先生看着他说："现在，请你再指给我看看，你家那块一望无边的肥沃土地在哪里？"

学生急得满头大汗，当然还是找不到。他家那块一望无边的肥沃土地在地图上连个影子也没有。他很尴尬又很觉悟地回答道："对不起，我找不到！"

这就是了，任何人所拥有的一切，与有大美而不言的天地相比，与浩瀚无际的宇宙相比，都不过是沧海一粟，实在是微不足道。从历史的长河来看，不管我们拥有什么、拥有多少、拥有多久，都只不过是拥有极其渺小的瞬间。人誉我谦，又增一美；自夸自败，又增一毁。无论何时何地，我们永远都要保持一颗谦恭的心。

谦恭，是许多有能力者所缺乏的美德，我们每个人可能都会拥有不同的才能，你拥有这些，不代表你比别人高明，绝不要看不起不会的人，因为你会这方面的东西，别人也必有你所不会的。所以，无论我们拥有怎样的才干，都不要心高气傲，不要觉得自己高人一等，不要觉得别人都该效法自己，否则，我们就成了"骄傲"的俘虏了！

我们通常所说的谦虚是两种：自知之明和谦恭。自知之明是智者的标志之一，太多的人由于没有自知之明而贻笑大方，自知之明直接的受益者是自己。所以，在这里我们更看重的是谦恭。谦恭跟傲慢一样是在人际互动中表现出来的，但是方向正好相反，谦恭是一种优良的品格。谦恭首先应具有自知之明，知道自己目前的地位和条件。如果有优于别人之处，都是暂时的和相对的；如果不保持努力我们会朝向下的方向滑行，甚至前功尽弃；如果别人努力，很快能在这些方面超过自己。

老子说："崇高的德好似峡谷，广大的德好似不足，刚健的德好似怠惰，质朴而纯真的德好似混浊。最洁白的东西，反而含有污垢。"《易经》中说："谦虚可以亨通，开始或许不顺利，但由于谦逊，必然得到支援，最后能够成功。"又说："谦逊，通行无阻。因为天的法则，是阳气下降，救济万物，而且光明，普照天下；地的法则，是阴气上升，使阴阳能沟通，所以亨通。天的法则，使满盈亏损，使谦虚增益；地的法则，改变满盈，使其流入谦卑；鬼神的法则，加害满盈，降福谦虚；人的法则，厌恶满盈，喜好谦虚受到尊敬，发出光辉，在卑贱时也不违背原则。所以，君子能够有始有终。"《易经》对谦虚的阐释格调特别高，可见我国传统文化是如何尊重谦虚的。

"江阴张畏岩……"

——不满人家，是苦了自己

【原典】

江阴张畏岩，积学工文，有声艺林。甲午，南京乡试，寓一寺中，揭晓无名，大骂试官，以为眯目①。时有一道者，在旁微笑，张遽移怒道者。道者曰："相公文必不佳。"张益怒曰："汝不见我文，乌知不佳？"道者曰："闻

作文，贵心气和平，今听公骂
詈②，不平甚矣，文安得工？"

张不觉屈服，因就而请教焉。
道者曰："中全要命，命不该中，
文虽工，无益也，须自己做个转
变。"张曰："既是命，如何转
变？"道者曰："造命者天，立命
者我，力行善事，广积阴德，何
福不可求哉？"张曰："我贫士，
何能为？"道者曰："善事阴功，
皆由心造，常存此心，功德无量。
且如谦虚一节，并不费钱，你如
何不自反③，而骂试官乎？"

张由此折节自持，善日加修，
德日加厚。丁酉，梦至一高房，
得试录一册，中多缺行。问旁人，
曰："此今科试录。"问："何多
缺名？"曰："科第阴间三年一考
较，须积德无咎者，方有名。如
前所缺，皆系旧该中式，因新有
薄行④而去之者也。"后指一行
云："汝三年来，持身颇慎，或当
补此，幸自爱。"是科果中一百
五名。

【注释】

①眛目：指有眼无珠。

②詈（lì）：辱骂。

③反：反省。

④薄行：品行不好。

【译文】

江苏江阴人张畏岩，做学问很下功夫，在读书人中间名声很大。甲午年参加南京的乡试时，他借住在一个寺院里。但是榜单揭晓的时候却没有他的名字，因此他大骂考官有眼无珠。

这时候一个道人在旁边嘲笑他，他立刻把怒火发向了那个道人。道人说："你的文章一定写得不好。"张畏岩更加生气了，说："你又没看过我的文章，怎么会知道我写得不好？"道人说："我听说写文章，最重要的是心平气和，现在听见你在这里骂人，心中愤愤不平的，文章怎么可能写好？"

张畏岩觉得道人说得有道理，慢慢服气了，便向道人请教。道人说："考试中与不中是命中注定的。命不该中，文章再好也没有多大帮助。因此要在自身作转变。"张畏岩说："既然是命中注定的，怎么能改变呢？"道人说："创造生命在于天，但是改变命运却在于自己。

297

只要大力做善事，多积累阴德，什么福气不能得到呢？"张畏岩说："我是一个穷人，能做些什么呢？"道人说："做善事积阴德，都是出于内心的想法。只要心里常常抱着这样的想法，那就是功德无量的。况且只要谦虚谨慎，并不需要花钱，你怎么不反省自己却去骂考官呢？"

张畏岩从此改变了往日的作风，很克制自己，善事越做越多，阴德也越来越多。丁酉年，他梦见自己在一所高大的房子里得到了一份科举考试的录取名册，其中有很多行是空缺的。于是他就问旁边的人。旁边的人说："这是今年科举的录取名册。"张畏岩问："为什么缺这么多名字呢？"那人回答道："对于那些参加科举考试的人，阴间每三年会考察一次，必须是行善积德并没有过错者，才能在上面留下名字。就像前面缺少的，都是原本应该考中的，但是因为最近的品行不好所以除去了名字。"又指着后面一行说："你这三年来谦虚谨慎，克制自己，应该能够补充到这里，希望你继续保持。"这一次他果然考中了第一百零五名举人。

☞主题阅读链接

了凡先生继续用事实来说明他的只有谦虚的人才能得到福报的观点。这段中列举的是江苏江阴人张畏岩的例子。张畏岩的学问很深，文章写得很好，因此在读书人的圈子里还是很有名气的。这样的情况所造成的结果就是张畏岩自己也认为自己的文章写得很好，如果去参加乡试的话一定是十拿九稳或者说应该是很轻松就能考中。

那个老道士的一番话发人深省。经过了老道士的指点，张畏岩终于知道了要怎么样去追寻自己的理想，终于知道了怎么样改变命运，他的人生有了一个明确的前进方向。

张畏岩在领悟了老道士的话之后，就开始有所行动。他一改往日狂妄不羁、骄傲自负的态度，变得彬彬有礼，十分谦逊，十分注意把持自己的态度和行为。同时，他还在做善事方面下了很大的工夫，花去了很大的精力，甚至平时每天都要去做善事。在张畏岩这样尽心尽力行善的情况下，他的善行既然功德已经积累那么多了，那么下一步应该就是得到上天的福报了，或者说这么多的功德应该已经足够改变他的命运了。

每个人都要注意，不要因为一时没有得到任何的回报就产生放弃行善的念头，或许可能是你的功德还没有达到改变命运的程度，要是放弃，那么之前所做的一切就都成为无用功了；那些想要作恶、正在作恶和已经作恶的人更要注意，无论是刚刚产生的恶意想法还是已经开始的恶行，全部都放弃，不要以为自己很隐蔽，要时刻记住，或许这个世界上的某处正有一双无形的眼睛在盯着你，等你作恶作到无可救药的时候，灾难就会降临。好人终究会得到好报，恶人也必定会得到惩罚。行善积德，永远都是最正确的事情。

"由此观之……"

——举头三尺有神明

【原典】

由此观之，举头三尺，决有神明。趋吉避凶，断然由我。须使我存心制^①行，毫不得罪于天地鬼神，而虚心屈己，使天地鬼神，时时怜我，方有受福之基。彼气盈者，必非远器^②，纵发亦无受用^③。稍有识见之士，必不忍自狭其量，而自拒其福也。况谦则受教有地，而取善无穷，尤修业者^④所必不可少者也。

【注释】

①制：约束，限制。

②远器：有远见、能担当大事的人。

③受用：享受。

④修业者：读书人。

【译文】

由此可以看出，举头三尺有神明；趋向吉利躲避凶祸，是由我们自己决定的。一定要在我们的内心中限制我们的行为，一点也不能得罪天地鬼神，而且要谦虚谨慎，使得天地鬼神都觉得我们受了委屈而可怜我们，这样才有获得福气的基础。那些盛气凌人的人，一定是没有远见的人，即使发达了也没有福气享受。稍微有点见识的人，一定不会让自己因为心胸狭窄而拒绝得到福泽。况且谦虚的人有受教育的机会，这样能得到无数的好处，尤其是读书人不能缺少的。

☞**主题阅读链接**

净空法师《地藏经讲义》中有一句话："举头三尺有神明。"就是说神每时每刻都在人的头顶上关注着人，俗话说的"人在做，天在看"和这个道理是一样的。就像前面讲述的张畏岩那个例子，张畏岩只不过做了几年的善事，他并没有对任何人说，也没有到处去宣传，但还是被鬼神知道了，这就是因为"举头三尺有神明"的缘故。

佛教经典著作《华严经》中说：人从出生的时候开始，两边的肩膀上就各自站着一个神明，一男一女，站在左边肩膀上面的是男人，专门负责记录一个人的善事；右边肩膀上则是站着女人，专门负责记录一个人的恶行。那么他们记录这些东西干什么呢？就是为了让上天对人们降下福报或者是祸患的时候有一个依据。鬼神的记录决定着人这一辈子到底是吉还是凶，人在鬼神面前是卑微和渺小的存在，人不能命令鬼神改变他们的记录，要是想最后得到福报，想富贵一生的话，那就只能依靠自己的努力使鬼神所做

的记录中全部都是好事和善事。

在古代，人们对鬼神是非常尊敬的，有很多人经常会到庙里去烧香或者去放一些贡品什么的东西，这其实就是一种谦逊。但是在鬼神的眼里，这种行为会让鬼神产生怜悯，因此自然会降下福报。那么怎么样才算是得罪了鬼神呢？对鬼神的不尊重就是得罪鬼神，而得罪鬼神的一种决定性的行为就是作恶。整个世界都是上天创造的，而鬼神又是上天所选定的"代言人"，一个人作恶说白了就是在破坏这个世界，破坏世界就是破坏上天的成果，破坏上天的成果自然就是得罪上天了，也自然就属于得罪鬼神了。

明白了这个道理，行善还是作恶，就要看人们的选择了。当然，真正的是行善还是作恶还是得看一个人的内心到底是谦虚还是狂妄，是一颗善心还是一堆坏心眼。如果一个人能真正保持一颗善心，保持谦虚的品性，为人谦虚有礼貌，做好事，说好话，做好人，就一定会得到福报的。

谦虚的人一般都是心胸宽广的，因为谦虚的人都知道这样做有好处。一个豁达的人，能够得到别人的好感，获得别人的帮助，从而使自己不断进步。当然，谦虚一定要是自己内心真正的想法，不是为了应付什么。如果表面上是一副谦谦君子的样子，而在内心里却骄傲自负，也是得不到任何好处的。所以，一个人无论在任何地方，任何时候，都要做到谦虚谨慎，有所敬畏。

"古语云……"

——有志者事竟成

【原典】

古语云："有志于功名者，必得功名；有志于富贵者，必得富贵。"人之有志，如树之有根，立定此志，须念念谦虚，尘尘方便，自然感动天地，而造福由我。今之求登科第者，初未尝有真志，不过一时意兴耳，兴到则求，兴阑①则止。

【注释】

①兴阑：兴尽。

【译文】

古人曾经说过："志向在于考上功名的人，就一定能取得功名；志向在于大富大贵的人，就一定会大富大贵。"人有了志向，就像树有了根。只要立下了志向，就必须要保持谦虚，处处不忘给人行方便，这样自然就能感动天地，自然就会降下福气给我们。

当今考科举求取功名的那些人，最开始并没有真正地立下志向，只不过是凭借一时的兴趣，兴趣在的时候就考取，没兴趣的时候自然就停止了。

☞主题阅读链接

有了志向的人，如果努力去做的话，最终一定会实现自己的理想和志向。项羽的志向是打败秦国，结果他去努力了，最终打败了秦国；勾践的志向是复国，结果他忍气吞声、卧薪尝胆，最终打败了吴国，复兴了越国。

坚持虽然不代表就是胜利，但一定是胜利前的曙光；它不是最终的成功，但确实是成功前的希望火把，能够一直把你带到更美好的未来！最艰苦的时候，往往也就是距离成功最近的时候，一旦放弃，就意味着完全的失败；只有勇敢坚持的人，才可能品尝到最后成功的喜悦！

登山队新来了一个温州籍队员，第一次跟随大家攀登一座著名的山峰。

在攀登的半路上，过度的劳累和高山艰苦的环境让他疲劳不堪，终于停了下来，再也无法前进一步。

队长和队友们都来鼓励他，在这些人的帮助下，他终于站了起来，继续攀登！

爬到顶峰，取得胜利的时候，他忽然热泪盈眶！原来，顶峰离他停滞的地方只有很短的一段距离！

这次登山的经历使他明白了："坚持，是战胜一切困难和拥抱胜利的保证！"

从此以后，他每次遇到困难的时候，总是回想第一次登山的珍贵经历，并从中获得力量和勇气，顽强地坚持下来。

后来，这位登山队员因伤不得不离开了他喜爱的登山事业，转行做了一名商人。他把登山生涯中所领会的真谛带到了生意场上，很快就取得了成功，成为小有名气的温州商人。

多年以后，当他回首往事时说："第一次征服的山峰，虽然与后来的更多山峰和生意场上碰到的种种困难相比根本不算什么，但我却从中知道了坚持的力量有多大！"

一轮竞争激烈的面试坚持下来了，你就能获得一份让人羡慕的工作和一个美好的前途；一场旷日时久的攻坚战，如果坚持下来了，等待你的将是一个崭新的人生局面。你别无选择，只有坚持，坚持，再坚持！不要管前进道路上有多少困难，也不要让过去的成败成为你的包袱，一直毫不犹豫地朝既定目标走下去，成功才会属于你！

"孟子曰……"

——与民同乐，礼乐治国

【原典】

孟子曰："王之好乐甚，齐其庶几①乎。"予于科名亦然。

【注释】

①庶几：差不多。

【译文】

孟子说："大王既然这么喜欢音乐，那么齐国被您治理得也差不多了。"我对于考科举也是这个样子。

☞主题阅读链接

在这里，了凡先生用了儒家大圣人孟子的话作为这本《了凡四训》的结尾。这句话出自《孟子》，孟子说："大王既然这么喜欢音乐，那么齐国被您治理得也差不多了。"

当时齐国的国君齐宣王非常喜欢音乐，大臣们都十分忧虑。后来，齐国的大臣庄暴把齐宣王喜欢音乐的事情告诉了孟子。孟子见到齐宣王，说了这句话。

从表面理解，"王之好乐甚，齐其庶几乎"这句话的意思应该是：既然齐宣主那样喜欢音乐，那么齐国就应该治理得差不多了。这句话给人的第一印象貌似不知所谓，喜欢音乐，就能把一个国家治理好，天下间好像没有这个道理。要是这么说的话，那么这个世界上的所有音乐家就都是优秀的政治家了，就都能领导一个国家了。

其实，这里并不是说一个统治者爱好音乐就能治理国家，而是一个统治者如果爱好音乐的话，可以通过适当的方法达到用音乐教化人民的目的，这样才能治理好国家。当然，这里面最重要的就是统治者要把自己喜欢的音乐传播给自己的子民，不只是自己喜欢就行。这里面包含的道理就是"独乐乐不如众乐乐"。孟子认为，如果齐宣王能把自己喜欢的音乐推广给自己的子民，做到"与民同乐"，那么他就会得到百姓的拥护和爱戴。如果齐国的所有子民都拥护和爱戴齐宣王，那么齐国的凝聚力必然十分强大。百姓们都拥护齐宣王，那么他们的立场就是相同的，齐国怎么能够不兴旺富强？齐国变得越来越好，那不就证明齐宣王把齐国治理得差不多了吗？

孟子的这句话主要的意思就是让齐宣王明白与民同乐的道理，明白与民同乐的重要性。无论怎

样，只要是齐宣王真喜欢音乐，就一定要立志做到与民同乐。

当然，"乐"在这里并不仅仅指音乐，还包括一种制度，是古代用来教化人心的东西。再有，乐在这里也可以指一种思想，这种思想就是"礼乐治国"。

孟子是儒家的圣人，是儒家的代表人物，他的思想当然也是属于儒家的思想。儒家思想作为统治者治国的思想，主要强调的是仁政。实行仁政是儒家思想的核心，具体到做法上，最重要的就是礼乐治国。那么什么是礼乐治国呢？礼乐，其实就是礼乐制度，是周公所制定的，后来受到孔子推崇。按儒家思想的主张，理想的社会秩序是贵贱、尊卑、长幼、亲疏有别，在什么场合奏什么乐也有相应的规定，不能乱来。

礼乐治国分为"礼治"和"乐治"。"乐治"是为了培养人民美好和谐的感情，"礼治"是要求人民遵守各种行为规范和道德规范。儒家很讲究礼乐治国，用乐来帮助教化，推行善道，这是极好的教化方式，所以古代很多圣贤都主张礼乐治国。礼乐治国能够教化人民，使得民心淳朴善良，那样整个国家才能有实现大治的基础。"乐"是十分重要的东西，很多地方都会用到，比如说一些宗教就很重视"乐"。佛教里面常用梵呗，梵呗也是一种乐，是修行佛法必不可少的工具。古代很多修佛的人，经常是高声唱佛，时间长了，达到物我两忘的境界。

如果一个国家的国君喜好雅乐，爱好礼乐，十分坚定地树立一个以礼乐治国的志向，并且能够坚定不移地施行礼乐治国的方针，并且一生都不懈怠，他的国家必然大治，国家也必然会繁荣富强。因此，孟子对齐宣王所说的话也可以理解为：既然齐宣王那样崇尚礼乐，那么就不妨坚定地施行礼乐治国的方针，这样就一定能够把齐国治理好。

对子孟子这句话的意思，无论是理解为与民同乐还是理解为礼乐治国，都没有太大的影响，重要的是要为自己立下一个远大的志向，并且按照自己的志向坚定不移地去努力。